职业院校潍柴博世校企合作项目教材

# 柴油机电控管理系统

王文山　李秀峰　主　编
贡　钻　刘军锋　董传慧　副主编

人民交通出版社股份有限公司
China Communications Press Co.,Ltd.

## 内 容 提 要

本教材借助潍柴·博世的订单式培养项目,采用任务驱动教学法,较系统地阐述了柴油机电控管理系统的功用、结构、原理、检修等方面的基本知识和基本方法。

本书分为4个学习模块,包括电控系统的基本检测、典型电控燃油系统的检修、共轨燃油喷射系统的检修、商用车后处理系统的检修等。

本书可作为职业院校汽车运用与维修专业(商用车方向)的教材,也可作为汽车、机电从业人员岗位培训教材和汽车专业技术人员参考用书。

**图书在版编目(CIP)数据**

柴油机电控管理系统/王文山,李秀峰主编. —北京:人民交通出版社股份有限公司,2018.7

ISBN 978-7-114-14852-1

Ⅰ.①柴… Ⅱ.①王… ②李… Ⅲ.①柴油机—电子控制—高等职业教育—教材 Ⅳ.①TK421

中国版本图书馆CIP数据核字(2018)第142272号

书　　名:柴油机电控管理系统
著 作 者:王文山　李秀峰
责任编辑:张一梅
责任校对:张　贺
责任印制:张　凯
出版发行:人民交通出版社股份有限公司
地　　址:(100011)北京市朝阳区安定门外外馆斜街3号
网　　址:http://www.ccpress.com.cn
销售电话:(010)59757973
总 经 销:人民交通出版社股份有限公司发行部
经　　销:各地新华书店
印　　刷:大厂回族自治县正兴印务(有限)公司
开　　本:787×1092　1/16
印　　张:8.5
字　　数:189千
版　　次:2018年7月　第1版
印　　次:2018年7月　第1次印刷
书　　号:ISBN 978-7-114-14852-1
定　　价:22.00元

# 职业院校潍柴博世校企合作项目教材<br>编审委员会

# 前言

*PREFACE*

据统计，截至2017年年底，全国机动车保有量达3.1亿辆；2017年，全国汽车保有量达2.17亿辆，与2016年相比，全年增加2304万辆，增长11.85%。从车辆类型看，载客汽车保有量达1.85亿辆；载货汽车保有量达2341万辆，商用车保有量的增加幅度较大。

随着商用车市场的发展、保有量的不断增加和技术革命的到来，后市场从业人员的素质、技术、管理等均需与行业的发展相匹配，商用车后市场人才匮乏的问题日益凸显。

作为商用车使用大国，我国拥有众多优秀的自主品牌，为适应我国柴油机排放要求提高的新形势，满足商用车行业对技术人才的迫切需求，济南英创天元教育科技有限公司组织来自全国各职业技术院校的专业教师，紧密结合目前商用车运用与维修专业教学需求，编写了职业院校潍柴博世校企合作项目教材。

在本系列教材启动之初，中国汽车维修行业协会在潍柴动力股份有限公司、博世汽车技术服务（中国）有限公司以及济南英创天元教育科技有限公司的支持下组织召开了商用车暨柴油动力人才培养交流会，邀请行业内专家以及各职业院校对该专业的人才培养模式和教材编写大纲进行了商讨。教材初稿完成后，每种教材由一名企业专家或业内知名教授进行主审，编写团队根据主审意见修改后定稿，实现了对书稿编写全过程的严格把关。

2016年11月，为落实与教育部所签订的协议，潍柴集团与博世公司在校企合作、人才培养方面达成共识，结成战略合作伙伴。依托双方在柴油动力领域行业地位和领先技术，着力打造最强校企合作班校企合作项目（英文缩写“WBCE”）和最先进的实训中心，推进合作院校商用车专业建设，为我国商用车暨柴油动力后市场培养高端维修人才。

《柴油机电控管理系统》是汽车类专业的重要专业课程。本书以博世集团生产的产品为例，分成4个学习模块，系统地阐述了柴油机电控管理系统结构、工作原理与检修方法。本书编写模式为任务驱动教学法，对发动机相关知识的学习和掌握提供了最具指导意义的学习材料，为学生今后从事汽车行业后市场工作打下了坚实基础。

本课程的建议学时为：

| 模块内容 | 建议学时 |
| --- | --- |
| 学习模块1　电控系统的基本检测 | 16 |
| 学习模块2　典型电控燃油系统的检修 | 12 |
| 学习模块3　共轨燃油喷射系统的检修 | 64 |
| 学习模块4　商用车后处理系统的检修 | 20 |
| 学时合计 | 112 |

本书由王文山、李秀峰担任主编，贡钻、刘军锋、董传慧担任副主编。参与本书编写的还有刘海峰、高伟、段德军、侯鹏鹏、赵修强、颜宇。

在本书的编写过程中，得到了潍柴集团及许多相关企业单位、专家和工程技术人员的大力支持和帮助。除了所列参考文献外，还参考了许多相关内容，在此对原作者、编译者表示由衷感谢。由于编者水平有限，本书疏漏与不妥之处，恳请专家和读者指正。

编　者

**2018年5月**

# 目录

CONTENTS

# 学习模块1　电控系统的基本检测

## 模块概述

柴油机的电子控制可以精确控制不同条件下的燃油喷射参数,这意味着通过电子控制的现代柴油机能满足多方面的要求。

柴油机电子控制系统由三部分组成。

1. 信号输入装置

信号输入装置的作用是检测发动机的各种工况参数(即传感器信号)和设定点值(如开关信号),并将这些物理量转变成电信号传送给电子控制单元。

2. 电子控制单元

电子控制单元根据特定的开环或闭环控制逻辑处理输入装置传送来的参数,并输出控制信号来控制执行器。此外,控制单元作为到其他控制系统和车辆诊断系统的接口。

3. 执行器

执行器的作用是将控制单元发送来的电子输出信号转变成相应的机械动作(如燃油喷射系统的电磁阀)。

**【建议学时】**

18 课时。

## 学习任务1.1　专用检测仪器的使用

### 任务目标

(1)掌握诊断仪各个图标的含义。

(2)掌握诊断仪的使用方法。

(3)掌握诊断接口的定义及判别方法。

### 任务导入

客户有一台陕汽德龙商用车,最近出现了故障灯偶尔点亮的情况,但动力方面却没有明显的问题。客户对此不放心,要求对车辆进行检查。

## 知识准备

1. 诊断仪的认知

1)诊断仪注意事项

(1)本仪器为精密电子仪器,请勿摔碰。

(2)首次测试时,仪器可能响应较慢,请耐心等待,不要频繁操作仪器。

(3)发动机点火瞬间显示屏可能发生闪烁,属正常现象。

(4)若显示屏闪烁后,程序中断或花屏,请关掉电源,重新开机测试。

(5)保证仪器和诊断座连接良好,以免信号中断影响测试。如发现不能正常连接,请拔下接头重插一次,不要在使用过程中剧烈摇动接头。

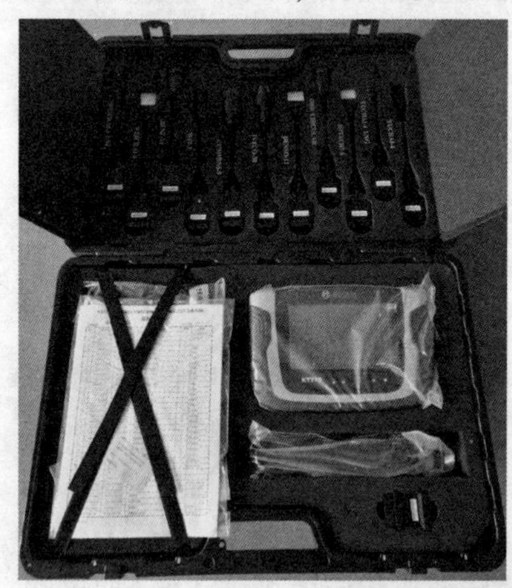

图 1-1-1　诊断仪整体结构

(6)使用连接线和接头时尽量使用螺钉紧固,避免移动时断开和损坏接口。拔接头时握住接头前端,切忌拉扯后端连接线。

(7)尽量轻拿轻放,置于安全的地方,避免撞击,不使用时断开电源。

(8)使用完后注意将触摸笔插入主机右上角的插孔中,将配件放回箱子以免丢失。

2)诊断仪主机介绍

(1)整体介绍。工具盒内包括诊断仪主机、诊断接口、测试线、电源线,以及各个厂家不同的适配线等,如图 1-1-1 所示。

(2)主机介绍。主机如图 1-1-2 所示。

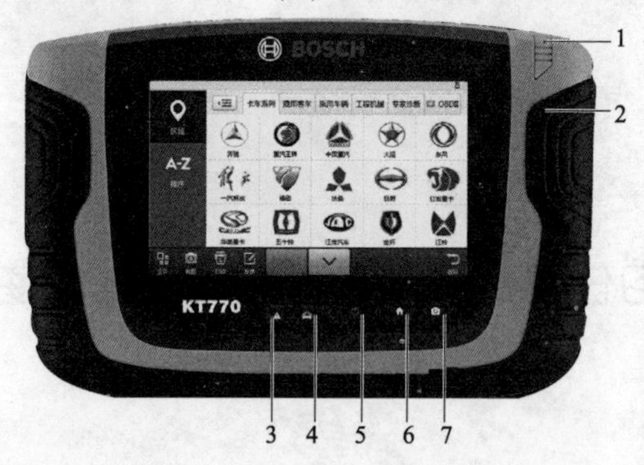


图 1-1-2　诊断仪主机面板

1-触摸笔(方便屏幕操作);2-保护套;3-故障指示灯(红色表示 KT770 存在故障);4-ECU 通信指示灯(绿色为 CAN 通信方式,黄色为其他通信方式);5-电源开关按键和电源指示灯;6-一键返回诊断主界面按键(此按键在进入诊断功能后、进入汽车维护功能后、进入维修指导界面后按下时没有任何响应);7-截图按键(点此按键即可截取当前屏幕)

诊断仪接口如图 1-1-3、图 1-1-4 所示。

诊断仪背面如图 1-1-5 所示。

支撑架:用于支撑 KT770 主机,方便操作。

上标签:KT770 主机订货号和主机生产日期。

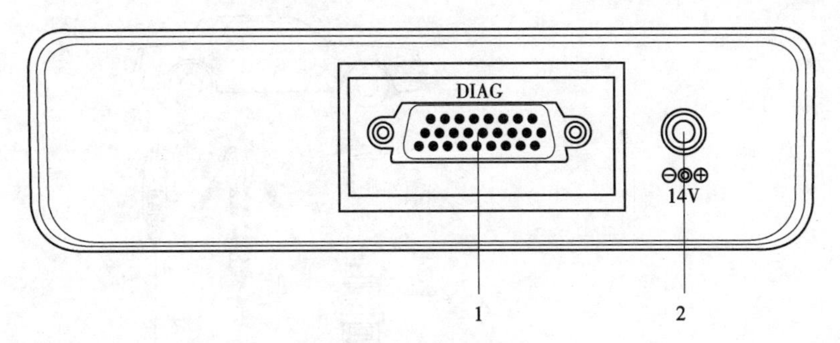


图 1-1-3　诊断仪诊断接口

1-诊断接口;2-电源接口

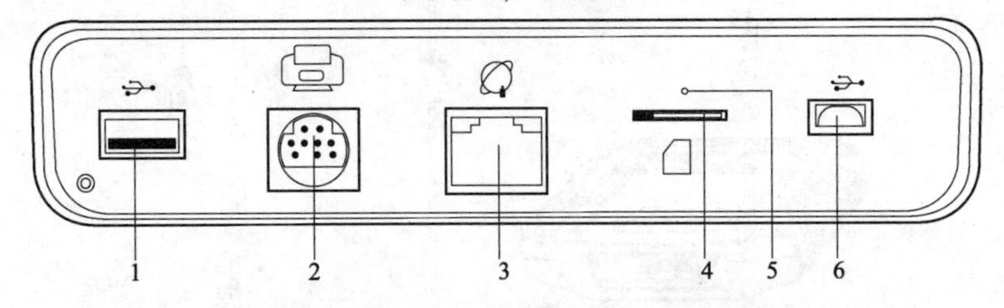


图 1-1-4　诊断仪连接端口

1-USB 接口;2-预留接口;3-网络接口;4-MicroSD 卡插槽;5-硬件复位按键;6-MicroUSB

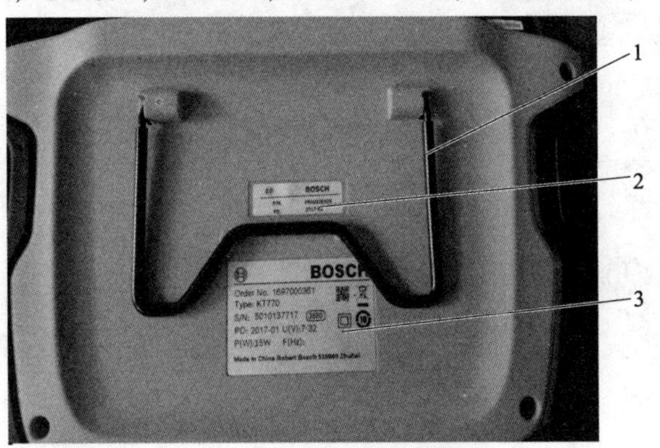


图 1-1-5　主机背面

1-支撑架;2-上标签;3-下标签

下标签:KT770 相关信息,其中 S/N 是序列号,此序列号是唯一的。此序列号必须与软件里的序列号匹配,否则,KT770 不能使用。

3)设备连接

诊断时的取电方式:汽车诊断座或点烟器供电线或蓄电池夹供电线。插拔诊断接头前,请您关闭点火开关,如图 1-1-6 所示。

4)开机启动

当 KT770 主机接通电源后,主机上的电源指示灯绿灯亮起。

当按下电源开关按键时,故障指示灯红灯快速闪烁一下,蜂鸣器鸣响,接着 ECU 通信指示灯闪烁,直到进入 KT770 主界面。

KT770 开机跳过开机界面后,进入主界面,如图 1-1-7 所示。

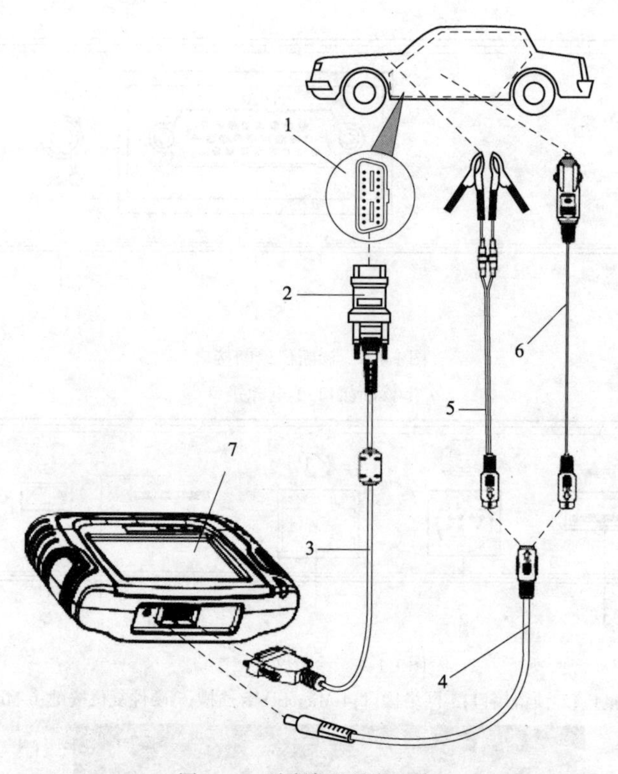


图 1-1-6　诊断仪的诊断连接

1-诊断座;2-诊断接头;3-测试延长线;4-电源延长线;5-蓄电池夹供电线;6-点烟器供电线;7-主机

图 1-1-7　诊断仪主界面

KT770 主界面包括:汽车诊断、历史记录、录制列表、维修指导;辅助功能包括:设置、截图、打印、反馈和帮助。

屏幕右上角显示图标为 KT770 当前使用的通信模式。分别为 USB 通信模式、LAN 通信模式、WIFI 通信模式。

屏幕左上角显示当前日期和时间(此功能为新增功能,如果 KT770 没有显示日期和时间,说明此 KT770 硬件不支持此功能)。

5)KT770 系统设置

在 KT770 主界面,点击"设置"图标,进入 KT770 的系统设置界面,如图 1-1-8 所示。

图 1-1-8　系统设置界面

KT770 的系统设置包括：激活、密码设置、升级、辅助功能、网络设置、语言设置、关于设备、亮度调节。

（1）激活。如果 KT770 没有激活，则无法使用 KT770 进行诊断，如图 1-1-9 所示。

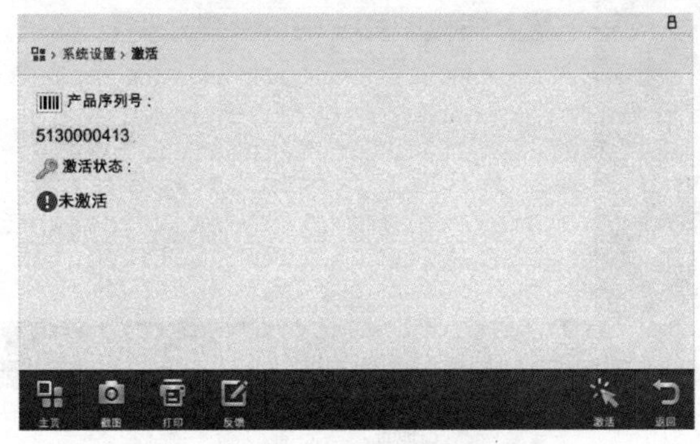


图 1-1-9　系统未激活界面

操作方法：在此之前，请确保 KT770 已连接可用的 Internet 网络。

①在“系统设置”界面，点击“激活”图标，进入激活功能界面。

②KT770 自动检测产品序列号，点击“激活”按钮，系统自动检测网络连接。若网络连接不正常，界面红色字体显示“网络连接错误，请检查你的网络设置”，请进入“网络设置”界面进行相应设置。

③若网络连接正常，进入填写注册信息界面。根据界面提示输入相关的注册信息；若信息填写不正确，将提示重新填写，如图 1-1-10a）、b）、c）所示。

a)用户信息填写界面

图　1-1-10

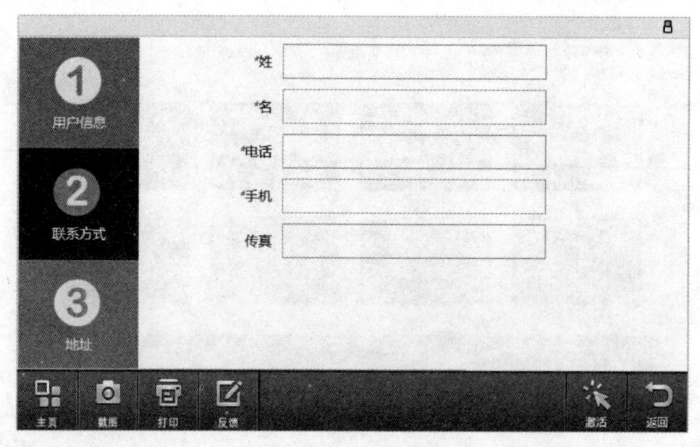


b)联系方式填写界面

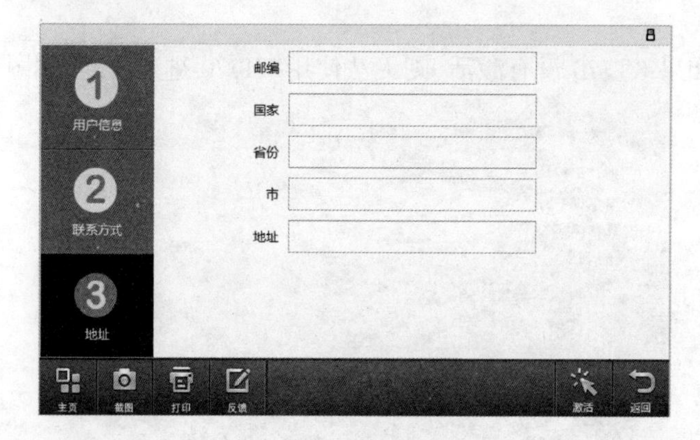


c)地址填写界面

图 1-1-10　系统激活操作过程

④若所有信息输入正确,点击屏幕右下角的“激活”图标激活。

⑤激活成功后,界面弹出提示信息框,显示“软件已成功激活！重启后生效!”,点击“确定”按钮,重启 KT770 即可,如图 1-1-11 所示。

图 1-1-11　系统激活完成界面

用户名支持字母、数字或汉字输入,长度范围是 3 ~ 16 个字符;密码支持字母、数字或特殊字符输入,长度范围是 6 ~ 16 个字符。

用户名用于升级登录,不能重复,建议使用实名注册;电子邮箱用于找回密码,填写常用邮箱;提交注册信息时,记住用户名和密码,以便于日常升级。

(2)密码设置。密码设置功能只有在产品激活以后才能使用,产品序列号会自动获取,具体操作方法为:

①在“系统设置”界面,点击“密码设置”图标,进入密码设置界面,如图1-1-12所示。

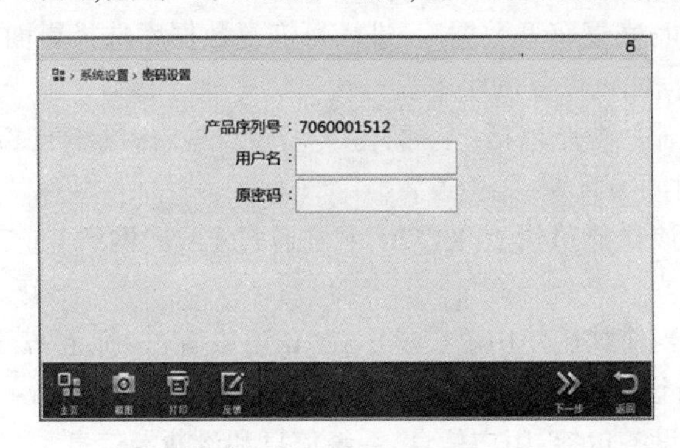


图1-1-12　密码设置界面

②依次输入正确的用户名和原密码,点击右下角的“下一步”图标。

③输入新密码和确认密码,新密码和确认密码必须完全一致。

④点击右下角的“确定”图标即可,界面弹出提示信息框,提示您“密码修改成功”。

(3)升级。升级功能包括:更新升级和恢复数据库。

系统自动检测是否有更新,若检测到有更新的内容,升级图标上会显示“有更新”的状态。

确保KT770已连接可用的Internet网络。确保升级过程的完整性,不要中途强制中止程序或断开网络。

系统更新操作方法:

①在“系统设置”界面,点击“升级”图标,进入升级界面,如图1-1-13所示。

图1-1-13　系统升级界面

②点击“检查更新”图标,系统自动检测可更新的数据。若软件包有更新,系统默认选中,且不可取消。

③点击单个品牌,即可查看更新详情。

④点击右下角的“升级”按钮,下载安装包。

⑤下载完成后,界面弹出更新提示框,点击“确定”按钮安装即可。

(4)恢复数据库。可恢复数据当前版本之前发布的3个版本中的任意一个版本。具体操作方法为：

①在“系统设置”界面，点击“升级”图标，进入升级界面。

②点击“恢复数据库”图标，系统自动检测可恢复的数据。

③点击“是”按钮，恢复完整包，界面显示可恢复的完整包的版本。

④点击“否”按钮，恢复车型数据库；进入可恢复数据库选择界面，点击需要恢复的数据库，界面显示该数据库可恢复的版本。

(5)辅助功能。辅助功能包括：车标替换、程序自检、诊断卡自检、触摸屏校正、日志功能、点击提示音、时间与日期、代理设置。

(6)网络设置。该功能可设置 KT770 主机通过 LAN(网线)或者 WIFI(无线)连接 Internet网络。

(7)语言设置。当前默认使用语言显示在“语言设置”图标上，若进行多语言切换，按照如下操作方法进行设置即可。

(8)关于设备。设备包括：用户信息、系统信息和诊断卡信息。

(9)亮度调节。此功能可以对本仪器 LCD 显示亮度进行调整。由于 LCD 自身的特性，在不同的环境光线、温度和湿度下，会呈现不同的显示效果，可以随时调整并保存本仪器 LCD 屏幕的亮度，以达到最佳的显示效果。

2. 诊断接口的认知

1)在车诊断(OBD)

OBD(On Board Diagnostics)是指车载自动诊断系统。它具有识别可能存在故障的区域的功能，并以故障代码的方式将该信息存储在计算机的存储器内。诊断软件与传感器、执行器一起共同组成了 OBD 系统。

OBD Ⅰ是 1985 年由加州大气资源局制定，于 1988 年全面实施。

从 1994 年开始，OBD Ⅱ替代了轿车用的 OBD Ⅰ系统，全面执行的时间为 1996 年 1 月 1 日。OBD Ⅱ开始适用于装用汽油发动机的轿车和轻型商用汽车，从 1996 年开始适用于所有柴油动力的车辆，提高了诊断功能并扩展了它的应用范围。OBD Ⅱ关键的附加内容有：

(1)检查未失效的构件，也检查排放限值。

(2)故障探测，监控燃油系统、催化装置、辅助空气系统和废气再循环系统。

(3)使用诊断设备替代使用闪码故障(SAEJ 1978)。

(4)对可能损坏催化装置的故障进行监测。

(5)P0 故障码的标准化(SAEJ 2012)。

(6)零件名称的标准化(SAEJ 1930)。

(7)诊断连接的标准化，具有标准针脚定义的 16 针插座(SAEJ 1962)。

(8)与诊断工具通信的标准化(SAEJ 1850，ISO 9141-2)。

(9)协议内容的标准化。

2)OBD 口的定义

16 针 OBD 接口为标准接口，其形状如图 1-1-14所示。

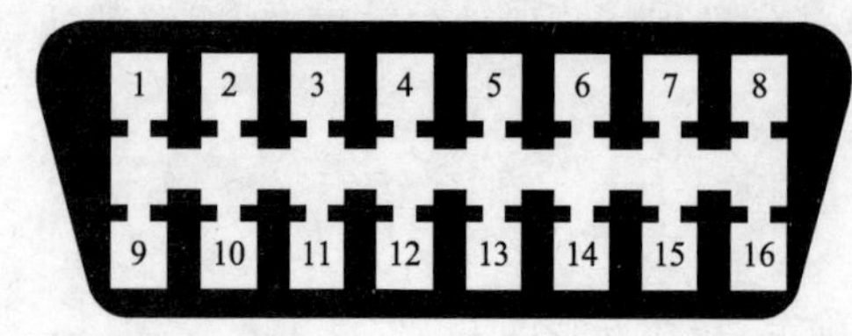


图 1-1-14　标准 16 针 OBD 诊断口

OBD-16 针为标准型接头，其针脚定义如表 1-1-1 所示。

**OBD 接口针脚定义**　　表 1-1-1

| 针脚序号 | 1 | 2 | 3 | 4 |
|---|---|---|---|---|
| 针脚定义 | 厂家定义 | J1708A | 厂家定义 | 电源 - |
| 针脚序号 | 5 | 6 | 7 | 8 |
| 针脚定义 | 信号地 | CAN-H | K-Line | RS232RD |
| 针脚序号 | 9 | 10 | 11 | 12 |
| 针脚定义 | RS232TD | J1708B | 厂家定义 | 厂家定义 |
| 针脚序号 | 13 | 14 | 15 | 16 |
| 针脚定义 | 厂家定义 | CAN-L | L | 电源 + |

RS232：又称串口通信。双线一收一发，分别为 232RD(0V)、232TD(-9V)。

J1708 协议：又称 484 总线通信。双线一收一发，分别为 J1708A(5V)、J1708B(0V)。

K 线：ISO K-Line。单线通信，电压低于蓄电池电压 1 ~ 2V。常用于故障诊断和 ECU 标定。

CANBUS：又称 1939 协议。双线一收一发，分为 CAN-H，CAN-L。CAN-H 电压高于 2.5V、CAN-L 电压低于 2.5V，静态是电阻 60Ω 或 120Ω。

3）不同类型的诊断接口

各个厂家在出厂时会规定不同类型的 OBD 接口，如图 1-1-15 所示，需要灵活判断。

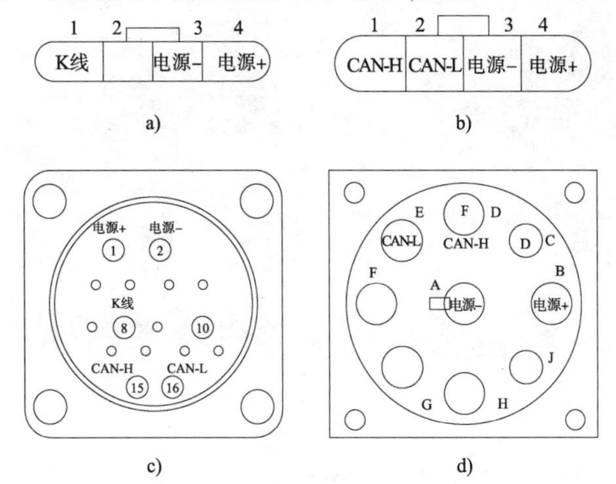


图 1-1-15　不同类型的诊断口

不同类型的诊断口可以通过测量其针脚的电压来确定其通信协议。

## 任务实施

1. 分析

客户的车辆在不影响动力的情况下出现故障灯亮的情况，只需要拿诊断仪对故障车辆进行检测，清除其故障码即可。

2. 工具装备

通用工具一套、诊断仪、整车或发动机运行台一台、万用表。

3. 实施方法

(1)车辆进场熄火,确认车辆在空挡位置。

(2)寻找 OBD 接口。在商用车上,一般诊断口的位置在转向盘下方、前排乘客座位前方隔板内。而陕汽德龙商用车的诊断口一般在驾驶员与前排乘客座位中间,掀开杂物箱盖子,找到其诊断接口。

(3)判断针脚定义。打开点火钥匙,测量各个针脚的电压,掌握其针脚的定义。

(4)连接诊断仪,使用对应的诊断口和测试线接入诊断仪。诊断仪界面如图 1-1-16 所示。诊断仪四种电源连接方式如下:

①交流电源供电:找到包装箱内 KT770 标准配置的电源适配器,其中一端连接在 KT770 主机的电源供电端口,另一端连接至 100 ~ 240V 交流插座。

②汽车蓄电池夹供电:找到包装箱内 KT770 标准配置中的电源延长线和蓄电池夹供电线,其中一端连接在 KT770 主机的电源供电端口,另一端连接至汽车蓄电池。

③点烟器供电:找到包装箱内 KT770 标准配置中的电源延长线和点烟器供电线,其中一端连接在 KT770 主机的电源供电端口,另一端连接至汽车点烟器。

④通过汽车诊断座供电:找到包装箱内 KT770 标准配置中的测试延长线和诊断接头,并连接好;将测试延长线连接了诊断接头的一端连接至汽车诊断座,另一端连接至 KT770 主机。

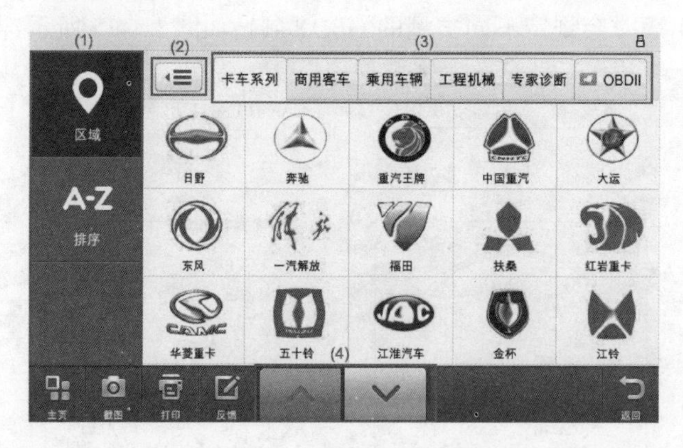


图 1-1-16 诊断仪诊断界面

(1)-导航栏,所有车型品牌可以按区域分类显示,也可以按首字母 A ~ Z 的排序显示;(2)-折叠按钮,显示或隐藏导航栏;(3)-区域显示或首字母区间显示,通过向左或向右的方向键查看所有内容;(4)-上下翻页按钮,当显示内容超过一屏时,可以点击上下翻页查看多屏的内容

(5)按车系品牌选择车型。可以通过两种方式进行车型品牌选择,分别是按品牌所在区域和按品牌名称首字母 A ~ Z,如图 1-1-17a)、图 1-1-17b)所示。

(6)发动机型号选择。根据所在的车型选择正确的发动机厂家,如图 1-1-18 所示。

(7)每种发动机都会安装不同的系统,需要能够正确识别该系统,如图 1-1-19a)、b)、c)、d)所示。

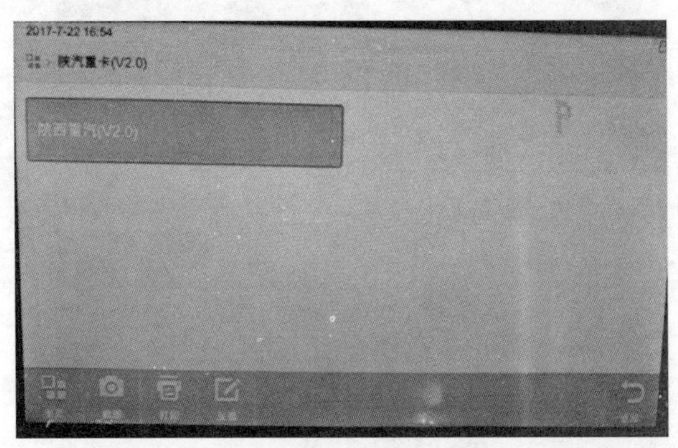


a)品牌所在界面

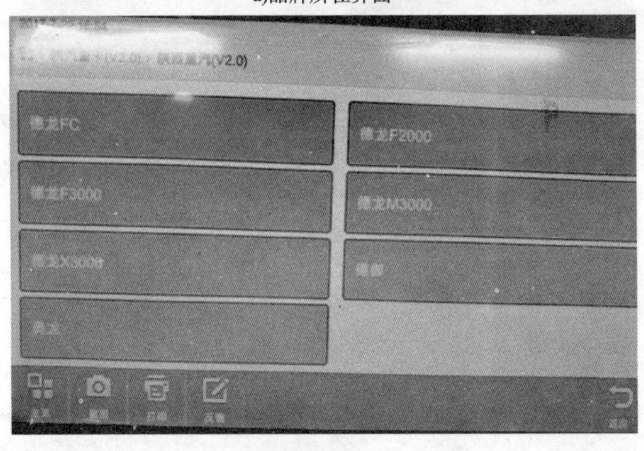


b)车型所在界面

图1-1-17　车型选择

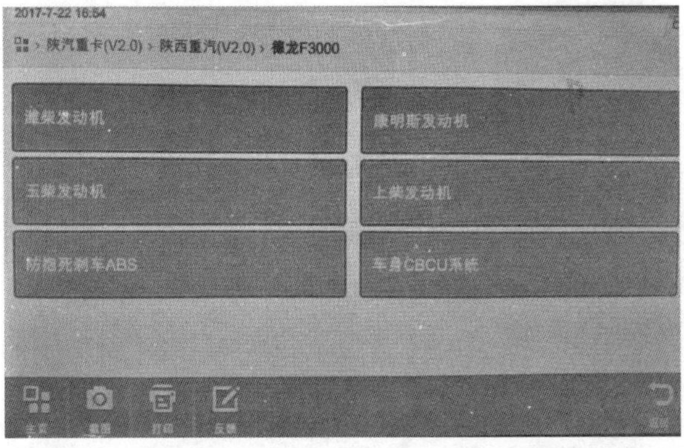

图1-1-18　发动机型号选择

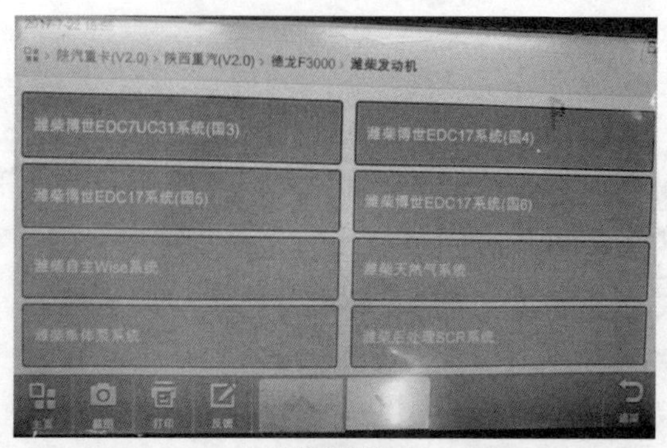


a)发动机界面

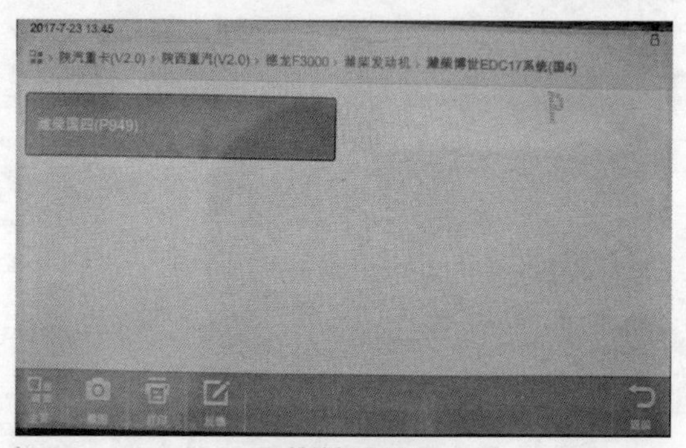


b)排放标准界面

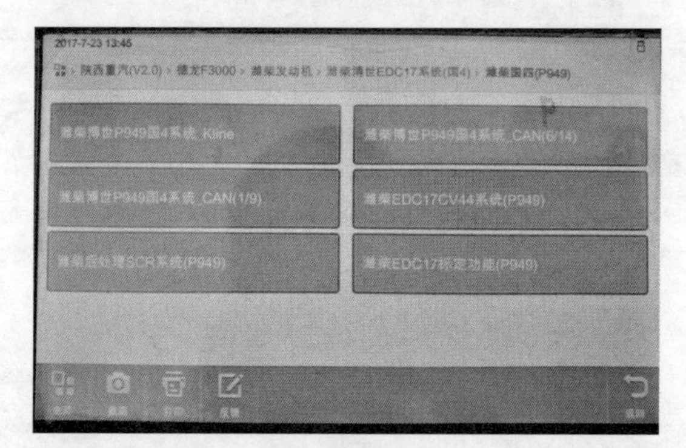


c)EDC选择界面

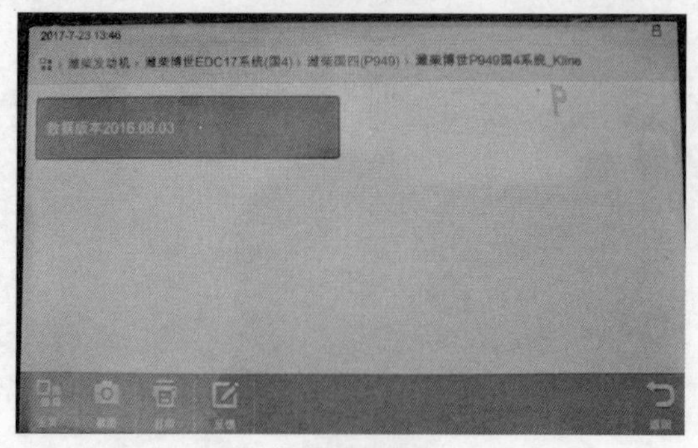


d)数据版本面

图 1-1-19　发动机系统选择

（8）诊断。

①诊断功能界面。进入诊断系统后，KT770 界面将显示此系统能够实现的所有诊断功能，如图 1-1-20 所示。

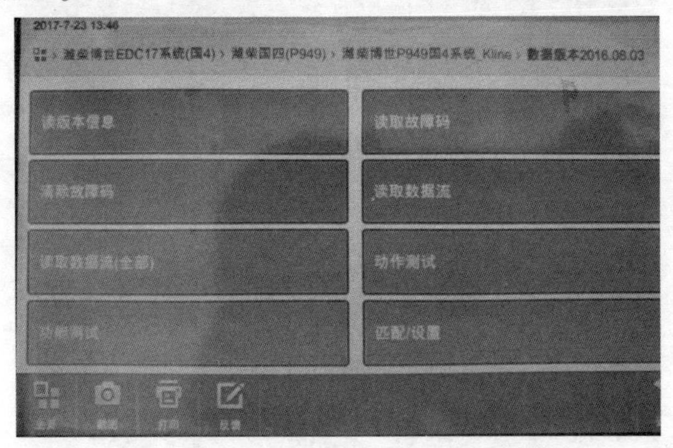


图 1-1-20　诊断功能界面

②读版本信息。读取被测试系统的电脑信息，读取的信息根据车型或系统的不同而不同。一般更换车辆控制单元时，需要读出原控制单元信息并记录，以作为购买新控制单元的参考，对新的控制单元进行编码时，需要原控制单元信息。

操作方法：

a. 进入诊断功能后，点击“读版本信息”，弹出对话框显示的是汽车电脑的相关信息，包括软件版本、硬件版本、零件号等信息，如图 1-1-21 所示。

b. 点击“返回”按钮，退出此功能。

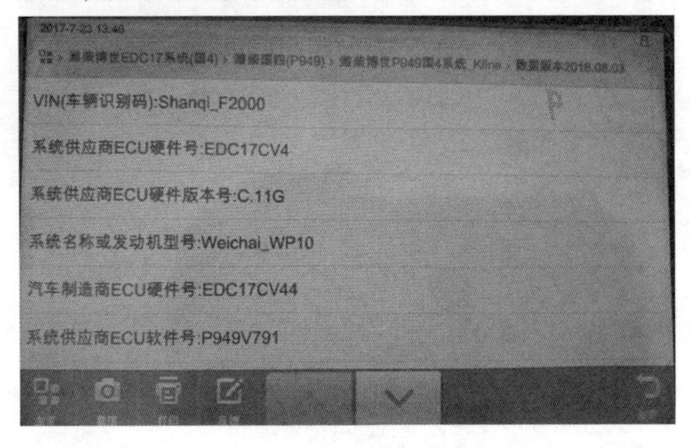


图 1-1-21　读版本信息界面

③读故障码。读故障码功能可以读取被测试系统 ECU 存储器内的故障码，帮助维修人员快速查到引起车辆故障的原因。

操作方法：

a. 进入诊断功能后，点击“读故障码”，诊断仪有提醒“发动机关闭，点火开关打开”。

b. 打开读故障码界面，显示内容包括故障码的内容、是否有冻结帧和帮助信息，如图 1-1-22a）、b）所示。

c. 点击“返回”按钮，退出此操作。

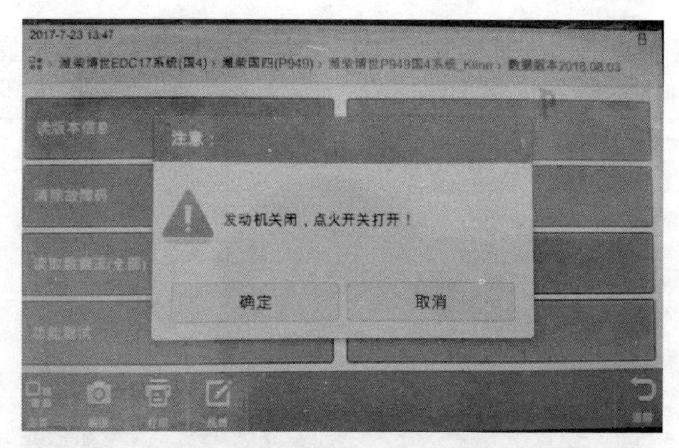


a)提醒界面

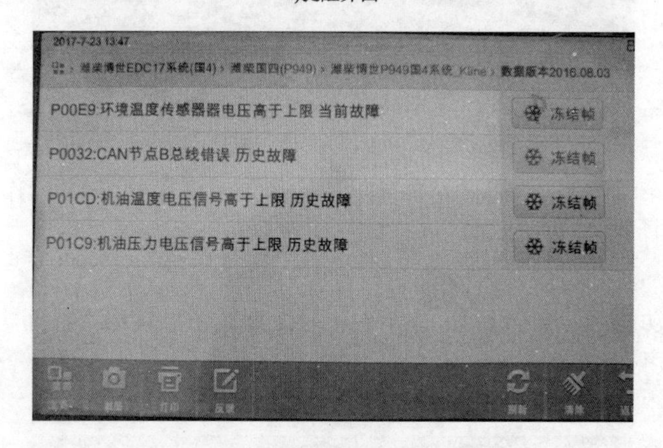


b)故障码界面

图 1-1-22　读取故障码

冻结帧按钮高亮显示表示有冻结帧信息，显示帮助信息按钮时才有故障码帮助信息。冻结帧功能是发动机管理系统对故障码功能的补充，主要是用于冻结发动机故障触发时发动机的相关工况，帮助维修人员了解故障发生时的整车工况。

操作方法：

a. 选择某条故障码，点击“冻结帧”按钮，进入读冻结帧界面，界面显示具体的冻结帧信息。

b. 点击“返回”按钮，退出此功能。

④清除故障码。清除被测试系统 ECU 内存储的故障码。

操作方法：

a. 进入诊断功能后，点击“清除故障码”，弹出对话框将显示清除条件。

b. 完成清故障码功能后，界面显示“清码命令已执行”，如图 1-1-23 所示。

c. 点击“确定”按钮，退出清故障码功能。

一般车型严格按照常规顺序操作：先读故障码，并记录（或打印）然后再清除故障码，试车、再次读取故障码进行验证，维修车辆，清除故障码，再次试车确认故障码不再出现当前硬性故障码是不能被清除的，如果是氧传感器、爆震传感器、混合气修正、汽缸失火之类的技术型故障码虽然能立即清除,但在一定周期内还会出现。必须要彻底排除故障之后故障码才不会再出现。

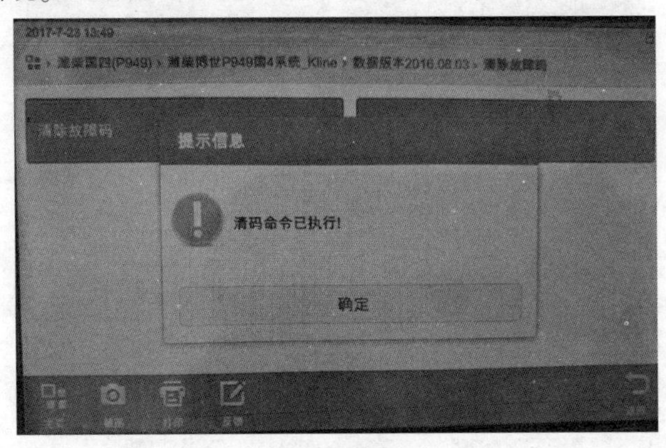


图 1-1-23　清除故障码

⑤读数据流。起动车辆或发动机运行台,通过各数据流的值或状态,可判断汽车各部件是否有故障。

操作方法:

a. 进入诊断功能后,点击“读数据流”,弹出读取数据流对话框,如图 1-1-24 所示。

b. 点击“确定”后即可选择进入“读取数据流”界面,显示“常用数据流”“全部数据流 1”“全部数据流 2”,如图 1-1-25a)所示。

c. 点击右下角的“全选”图标,选择读取当前的所有数据流,如图 1-1-25b)所示。

d. 点击右下角的“读数据流”按钮,界面将显示数据流的名称、结果和单位。

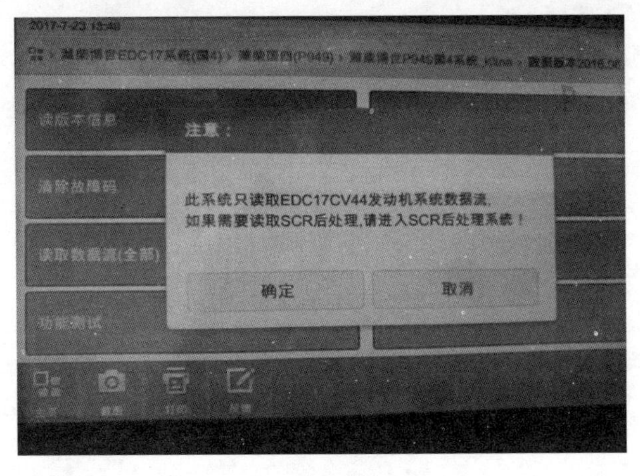


图 1-1-24　读取数据流提示界面

具体界面功能如图 1-1-26 所示。

⑥数据捕捉功能。捕捉当前测试的数据流值。

操作方法:

a. 进入读数据流功能后,点击右下角的“捕捉”图标,捕捉数据流的当前值。

b. 在弹出的对话框中输入需要保存捕捉数据流结果的文件名称。

c. 点击“确定”按钮捕捉当前的数据流值。

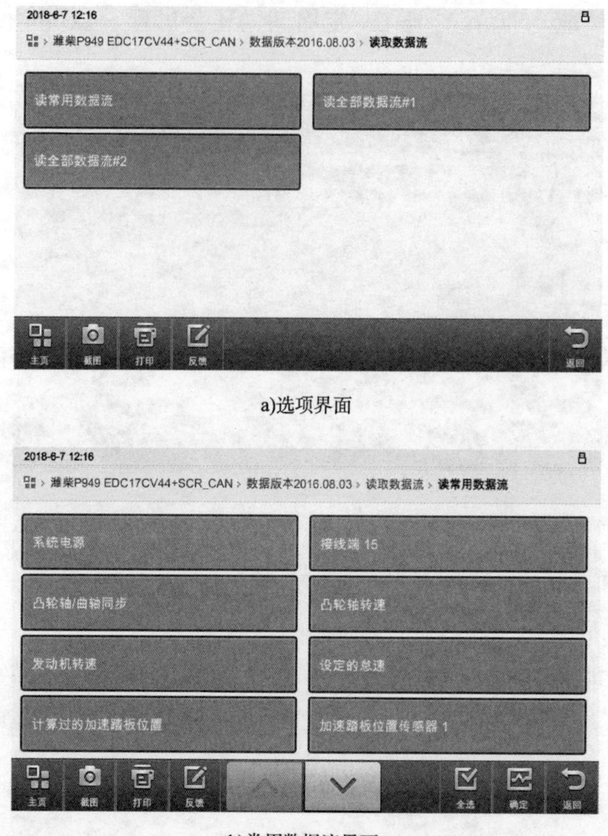


a)选项界面

b)常用数据流界面

图 1-1-25 读取数据流选择界面

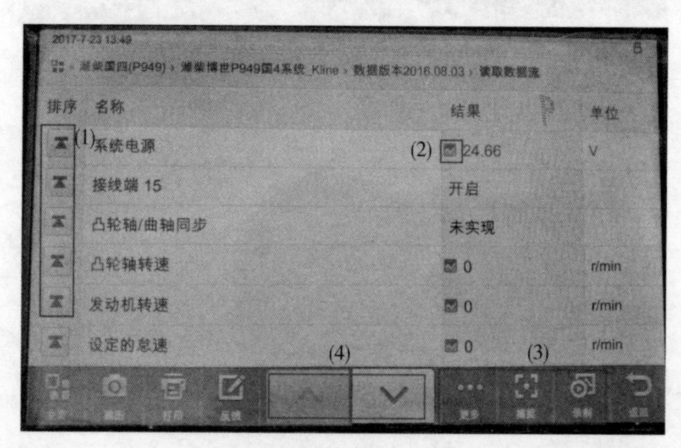


图 1-1-26 数据流功能界面

(1)-置顶按钮,点击此按钮,按钮高亮显示,数据流置顶显示;(2)-数据流高级功能按钮显示区,捕捉、录制、暂停/继续、比较;(3)-数据流数值结果波形示意图按钮;(4)-向上、向下翻页按钮

⑦数据比较功能。通过比较数据流当前值和保存的数据流历史值,判断相关部件是否处于良好的工作状态。

操作方法:

a. 在读数据流界面,进行了数据捕捉并保存后,点击右下角的“更多”按钮,选择“比较”按钮，进入选择记录界面，显示所有可供比较的数据流文件。

b. 选中某条数据流文件，点击右下角的“打开”按钮，界面显示历史的比较值和当前读取的结果。

⑧数据流值显示方式。数据流值的显示方式有两种，分别是：数值和波形，默认的显示方式是数值显示。

⑨数据录制功能。数据录制主要用于对 ECU 中某些数据进行较长时间的记录，记录当前屏幕上的数据流，每条数据流最多可以连续记录 2h。记录过程中随时可对数据进行存储，并保存到指定的文件夹下。

操作方法：

a. 在数据流读取显示界面，点击右下角的“录制”图标。

b. 在弹出输入框中输入录制文件的文件名。

c. 点击“确定”按钮，进入数据流录制界面。

d. 点击右下角的“选项”图标，根据界面提示设定触发录制的时间。

e. 点击右下角的“开始”图标，开始录制，“开始”图标变为“停止”图标。

f. 点击右下角的“触发”图标，记录点击瞬间前后设定时间的数据流的变化结果。

g. 点击“停止”图标，完成录制，并自动保存。

(9)动作测试。

为了测试电控系统中的执行元部件能否正常工作。操作方法：

①进入诊断功能后，选择“动作测试”，界面将显示所有可以操作的动作测试。

②点击某一项，进入动作测试界面，根据界面提示操作，如图 1-1-27 所示。

③点击“开始检查”，动作测试的状态为开始检查。

④点击“停止”，动作测试的状态为停止。

⑤点击“退出”，退出此动作测试。

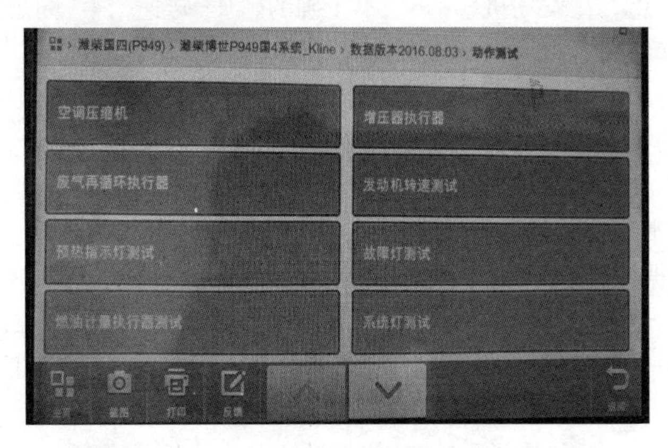


图 1-1-27　动作测试界面

(10)功能测试。

为了测试电控系统中的执行元部件能否正常工作。操作方法：

①进入诊断功能后，选择“功能测试”，界面将显示所有可以操作的功能测试。

②点击某一项，进入功能测试界面，根据界面提示操作，如图 1-1-28 所示。

③点击“开始”,功能测试的状态为开始检查。

④点击“停止”,功能测试的状态为停止。

⑤点击“退出”,退出此功能测试。

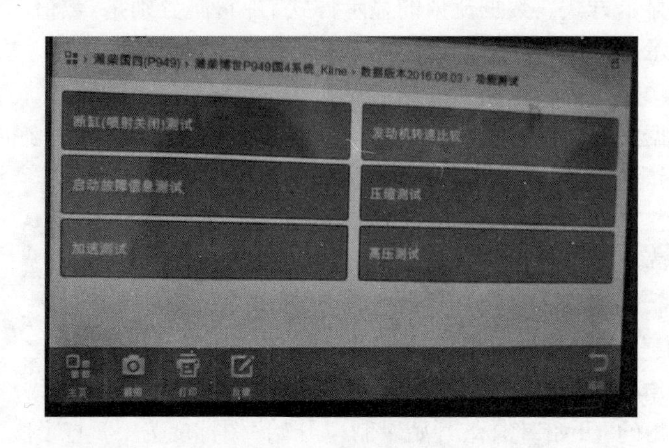


图 1-1-28　功能测试界面

各个功能如下:

a. 断缸试验。在运行该功能测试时,发动机工作在怠速,干涉发动机管理程序,依次切断各缸供油量,通过发动机声响变化来评判发动机各缸的工作情况。

在运行以上功能测试时,根据发动机的故障状态,选择相关功能测试项,可以帮助诊断人员判别发动机的故障。

b. 转速比较测试。转速比较测试时,能提供特定发动机转速,同时 ECU 取消发动机平稳运转控制功能,读取各缸转速,诊断人员可以根据各缸转速和压缩测试结果来评判发动机单缸压缩与喷油器的工作情况。

c. 起动故障信息。在发动机起动时,不正确的轨压、转速信号、同步信号的缺失,都可导致发动机无法起动。通过这个测试可发现导致无法起动的原因。

在发动机无法起动时,在激活此功能的情况下,起动机带动发动机运转约 5s,通过诊断功能可读出发动机无法起动的原因。

d. 压缩测试。在运行压缩测试功能时,诊断程序干涉发动机管理程序,关闭喷油功能,起动起动机来带动发动机运转至少 5s,测量、并记录各缸内活塞上止点前一定角度内发动机的转速,根据此转速来评判单缸压缩性能的好坏。

e. 加速测试。运行加速测试功能时,干涉发动机管理程序,依次关闭单缸供油,同时给其他缸喷油器一个预定的供油增量,测量发动机能够达到的最高转速,通过各个最高转速和压缩测试来评判单缸工作效率的工作情况。

f. 高压测试。在运行此功能测试时,使得进油计量比例阀全开(或压力控制阀关闭),测量设定点的压力的建立时间,然后使得进油计量比例阀全关(或压力控制阀进行设定)测量到较低的设定点压力降低的时间,该过程在不同的转速和轨压下进行测量。通过建立压力和压力降低的时间,诊断人员可以初步判断高压系统是否有泄漏、喷油器回油是否过多、高压泵/压力控制阀是否泄漏、低压供给效率是否足够。

(11)匹配/设置。

操作方法:进入诊断功能后,选择“匹配/设置”,界面将显示所有可以操作的功能,如图1-1-29所示。

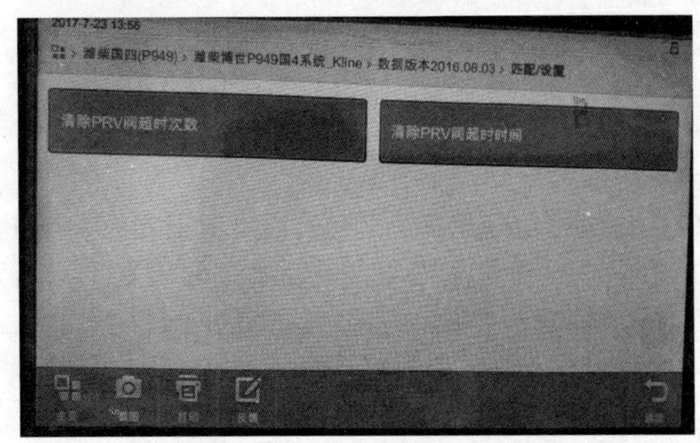


图1-1-29　匹配/设置功能

(12)判断发动机运行工况。

通过一系列的功能检测,判断发动机各方面功能正常,只是偶发性故障引起的故障灯亮,清除故障码后,即可恢复正常。

## 知识拓展

ECU集成诊断系统是发动机管理系统的基本范畴,在发动机正常运行时,输入和输出信号通过监控算法,对整个系统进行失效和故障检查。如果在发动机运行过程中发现失效情况,这些失效情况会以故障码的形式被存储在ECU中,当车辆在工作车间进行检查时,这些信息通过串行接口被找出,为方便快捷的故障诊断和维修提供基本信息。

随着日益严格的法规约束,发动机管理系统诊断有了新的功能范围。

1. 输入信号监控

对输入信号的分析主要用来检查传感器和传感器与ECU的连接电路。这些检查不仅用于监控传感器是否失效,同时还用于监控传感器对蓄电池电压和对搭铁短路及断路的情况。可以进行下列处理:

(1)监控传感器的电源电压。

(2)监控被测量值是否在正确的范围内(如发动机温度在-40~+150℃)。

(3)如果传感器信息可用,那么这个信息值可用于合理性检查(如凸轮轴/曲轴转速)。

(4)非常重要的传感器(如节气门位置传感器)设计成冗余的,这意味着它们的信号可以直接相互比较。

2. 输出信号监控

除了到ECU的连接外,执行器也被监控。使用这些检查的结果,除了执行器失效,外线路短路与断路可以被监测到。可以进行下列处理:

(1)在触发执行器时对输出信号电路监控。

(2)检查电路对蓄电池电压$U_{Batt}$和对搭铁短路、断路。

(3)执行器对系统的影响要进行合理性检查。例如:在废气再循环控制工作时,当废气再循环的执行器被触发时检查进气歧管压力是否在设定的限值范围。

3. ECU 通信监控

与其他 ECU 通过 CAN 线(控制器区域网)进行通信。许多其他的检查也在 ECU 中运行。由于很多的 CAN 信息通过特殊的 ECU 以规律的时间间隔传输,监测相关的时间间隔可以发现 ECU 是否失效。

4. 内部的 ECU 的监控

为了保证 ECU 在所有时间内功能的完整性,需要对独立的 ECU 构件(例如,微控制器、闪存、RAM)等进行检查,这些检查多数在发动机点火开关打开后立即运行。在发动机正常工作时,有规律地进行进一步检查,以便立即发现构件的失效,如表 1-1-2 所示。

**EDC 系统对元器件的监控** 表 1-1-2

| 传感器、执行器、构件 | 监控内容 | 发生错误时的反应 |
|---|---|---|
| 发动机转速传感器(DZG) | 1. 与针阀运动传感器的合理性(NBF)<br>2. 动态合理性 | 1. 切换到针阀运动传感器转速,如果 NBF 失效:设定电压 $U$ =0<br>2. 冗余的油量计算<br>3. 喷射起始时刻控制<br>4. EGR 中断 |
| 针阀运动传感器(NBF) | 1. 信号范围检查<br>2. 与 DZG 的合理性<br>3. 动态合理性(在 DZG 失效时) | 1. 喷油起始时刻控制<br>2. 燃油量减少<br>3. 如果 DZG 失效:设定电压 $U$ =0<br>4. EGR 中断 |
| DZG 和辅助 DZG(NBF) | 最高转速值 | 断开燃油量执行器的电源 |
| 节气门位置传感器(PWG)<br>1. 带怠速开关<br>2. 带双电位计 | 1. 信号范围检查<br>2. 低怠速开关的合理性 | 1. PWG 默认值 =0<br>2. 升高低怠速 |
| | 1. 信号范围检查<br>2. 电位计 1 和 2 的静态比较 | 1. 电位计失效:切换到其他电位计<br>2. 电位计失效:PWG = 0 升高低怠速 |
| PWG(卡住)制动 | 在 PWG 和制动同时踩下去时的安全情形 | 在一定时期等待后调节到安全转速(1500r/min) |
| PWG、制动、车速调节(FGR),外部燃油需求 | 在超速运转时的合理性 | 切换到冗余的油量调节 |
| 制动 | 与第二接触的合理性 | 低怠速调节 |
| 控制滑套位置传感器(SWG) | 1. 信号范围<br>2. 与针阀运动传感器的合理性(NBF) | 1. 设定电压 $U$=0<br>2. ELAB 不激活 |
| 燃油量执行器 | 持久调节 $U_{setpoint}$ 和 $U_{act}$ 之间的差异 | 1. 设定电压 $U$=0<br>2. ELAB 不激活 |
| 冷却液液面传感器(WSF) | 延时的信号范围(SRC) | 1. 燃油量降低<br>2. 在等待一定时期后设定电压 $U$=0 |

续上表

| 传感器、执行器、构件 | 监控内容 | 发生错误时的反应 |
|---|---|---|
| 车速传感器(FGG) | 1. 信号范围(上限)<br>2. 预转速和燃油量的合理性 | 1. 默认值<br>2. 车速调节关闭<br>3. 低怠速调节 |
| 增压压力传感器(LDF) | 1. 延时的信号范围<br>2. 与大气压力和怠速的合理性 | 1. 默认值<br>2. 增压压力调节关闭 |
| 空气压力传感器(ADF) | 信号范围 | 默认值 |
| 空气流量传感器(LMM) | 1. 信号范围<br>2. 超过速度临界时的空气量的范围 | 默认值 |
| 温度传感器<br>(冷却液、空气、燃油) | 信号范围 | 默认值 |
| 正时装置 | 持续调节正时偏差 | 1. 燃油量减少<br>2. EGR 关闭 |
| EGR 执行器 | 持续调节 EGR 执行器 | 1. 燃油量减少<br>2. EGR 关闭 |
| 涡轮增压控制 | 持续调节超速 | |
| 蓄电池电压 | 低电压 | 诊断灯亮起 |
| 诊断灯 | 在点火开关开启时的测试 | |
| 处理器和监控模块<br>1. 程序运行时间<br>2. 处理器硬件(PC、EPROM、RAM、附加 RAM、ADC、计时器)<br>3. 通信连接(PC-CAN 模块) | 看门狗<br>软件自我测试<br>数据块的数目,检查总数和反应时间 | 1. ECU 重启,发动机熄火,不能起动<br>2. 用于默认值的数据传输<br>3. 燃油量减少 |

静态合理性:检查两个信号是否给同样的信息,例如两个制动开关是一致的。

动态和理性:检查信号在许可的物理范围内动态变化,例如速度信号的时间改变(发动机加速)。

## 任务训练

学生按照实施过程进行分组训练,训练过程中注意检测步骤、小组协作,完成任务工单,如表 1-1-3 所示。

**诊断仪的使用训练任务工单** 表 1-1-3

| 姓名 | | 学号 | | 班级 | | 组别及成员 |
|---|---|---|---|---|---|---|
| 场地 | | 时间 | | 成绩 | | |
| 任务名称 | 诊断仪的使用 | | | | | |
| 任务目的 | 能够运用所学知识完成诊断仪的使用，对诊断接口进行判别 | | | | | |
| 工具、设备准备 | 128 件套装工具，整车或发动机运行台，万用表，诊断仪 | | | | | |
| 信息获取 | | | | | | |
| 任务实施 | | | | | | |
| 任务实施总结 | | | | | | |

## 任务评价

为促进学生的学习以及对专业技能的掌握，建立以指导教师评价、小组评价、学生自评为主导的实训评价体系，依据各方对学生的知识、技能和学习能力、学习态度等情况的综合评定，认定学生的专业技能课成绩，如表 1-1-4 所示。

**诊断仪的使用训练评价表** 表 1-1-4

| 考核单元 | | 考核内容 | 分值 | 自评 | 组评 | 师评 |
|---|---|---|---|---|---|---|
| 行为规范 | | 课堂纪律、学习态度、学习兴趣等方面 | 20 | | | |
| 考核 | 技能考核 | 诊断仪结构认知 | 10 | | | |
| | | 能够运用所学知识找到诊断接口，并完成测量 | 20 | | | |
| | | 熟练使用诊断仪对车辆进行检测 | 40 | | | |
| | 理论考核 | 阐述诊断接口的定义 | 10 | | | |
| | 综合测评 | | □优秀 □良好 □合格 □不合格<br>教师签字： | | | |

## 任务训练

**1. 单项选择题**

(1)博世 KT770 诊断设备在不注册的情况下可以使用(　　)次。

A. 30　　B. 60　　C. 100　　D. 不限次数

(2)CAN-H、CAN-L 针脚之间电阻为(　　)Ω。

A. 60 或 120　　B. 100　　C. 200　　D. 300

(3)KT770 的功能测试不包括下列哪个功能？(　　)

A. 断缸测试　　B. 转速比较测试　　C. 高压测试　　D. 低压测试

**2. 多项选择题**

(1)柴油机电子控制系统由(　　)组成。

A. 信号输入装置　　B. 电子控制单元　　C. 执行器　　D. 线束

(2)博世 KT770 诊断设备的诊断时取电方式(　　)。

A. 汽车诊断座　　B. 点烟器供电线

C. 蓄电池夹供电线　　D. 自带电源

(3)KT770 主界面包括(　　)。

A. 汽车诊断　　B. 历史记录　　C. 录制列表　　D. 维修指导

(4)KT770 的通信模式分别为(　　)。

A. USB 通信模式　　B. LAN 通信模式　　C. WIFI 通信模式　　D. 量子通信模式

(5)发动机管理系统诊断功能包括(　　)。

A. 输入信号监控　　B. 输出信号监控

C. ECU 通信监控　　D. 内部的 ECU 的监控

**3. 判断题**

(1)CAN-H、CAN-L 的判断方法为 CAN-H 电压高于 2.5V、CAN-L 电压低于 2.5V。(　　)

(2)读故障码功能可以读取被测试系统 ECU 存储器内的故障码。(　　)

(3)冻结帧功能是发动机管理系统对故障码功能的补充。(　　)

**4. 分析题**

(1)简述 16 针标准 OBD 诊断接口的 4、6、7、14、16 号针脚的定义。

(2)在面对非标诊断口时如何判断通信线？

## 学习任务 1.2　传感器的原理与检测

### 任务目标

(1)熟练掌握发动机各个传感器的位置。

(2)掌握发动机各个传感器的检测方法。

### 任务导入

客户有一台陕汽德龙商用车，最近出现故障灯常亮情况，同时出现转速 1000r/min，踩加速踏板没反应的情况，还会有难起动的情况，客户要求对车辆进行检查，解决该问题。详细对该车辆进行了解后发现，该车辆安装的是电控管理系统。对于该类型的车辆，一般首先使用诊断仪进行基本的诊断。通过客户叙述的问题来分析，初步怀疑为传感器出现问题。

## 知识准备

传感器是一种能把物理量或化学量转变成便于利用的电信号的器件。国际电工委员会(IEC:International Electrotechnical Committee)的定义为:"传感器是测量系统中的一种前置部件,它将输入变量转换成可供测量的信号"。按照传感器工作原理,可分为物理传感器和化学传感器;按照传感器的用途,传感器可以分类为温度传感器、压力传感器、速度传感器、位置传感器等。

1. 温度传感器

1)冷却液温度传感器

安装在发动机的水道上,其测量范围为 -40 ~ +130℃。冷却液温度传感器检测发动机冷却液的温度,用来修正喷油量和喷油正时,用于发动机的过热控制。如果冷却液温度传感器失效,系统将以燃油温度传感器的信号作为替代信号或以某一个固定值作为温度替代信号,在这种情况下发动机可能会起动困难、怠速升高。

2)进气温度传感器

安装于发动机进气道上。与增压压力传感器(进气压力传感器)的信号一起用于计算发动机的进气量。此外,许多控制环(如 EGR、增压压力控制)的期望值需与进气温度相适应,其测量范围为 -40 ~ +120℃。

3)发动机机油温度传感器

发动机机油温度传感器的信号,监测发动机的机油温度,当机油温度过高或过低时,发出警报信息,其测量范围为 -40 ~ +170℃。

4)燃油温度传感器

安装于燃油管路的低压油路上,燃油温度常用于对燃油喷射量进行精确计算,有些 EDC 系统中还用于燃油的加热与冷却控制,其测量范围为 -40 ~ +120℃。

5)排气温度传感器

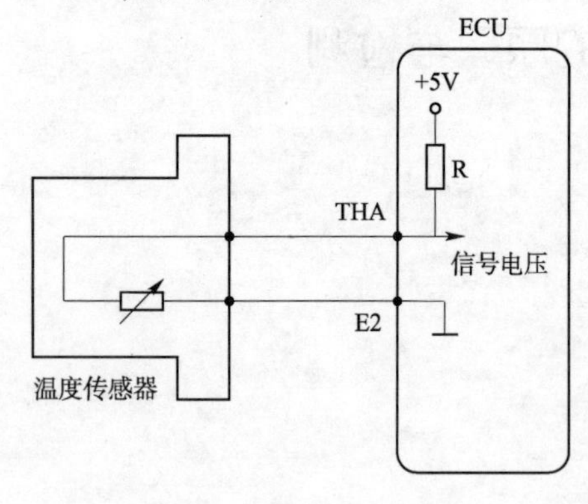

图 1-2-1　温度传感器工作原理

安装于发动机排气道上的温度敏感的地方,其信号用于废气后处理闭环控制系统。常用铂制成的测量电阻作为其感应元件,其测量范围为 -40 ~ +1000℃。

温度传感器的热敏电阻作为 5V 分压电路的一部分,如图 1-2-1 所示,温度传感器的两端与受压电路相连接,当温度传感器的电阻随温度发生变化时,其两线间的电压也随之变化,同时受压电路的电压也同步发生变化,ECU 接收该电压值。电压与温度之间的关系特性曲线被存储在发动机的管理系统的 ECU 中,也就是说,ECU 根据接收到的电压信号从 ECU 内可得到相应的温度值。

根据其特定的应用范围,常常采用不同形式的温度传感器,但其核心组成都是一种阻值随温度变化的半导体电阻。在发动机上,通常使用负温度系数(即随着温度的升高,电阻值下降）热敏电阻（NTC）的传感器，其特性曲线如图1-2-2所示，而使用正温度系数热敏电阻（PTC）传感器的情况相对较少，仅包括上游排气温度传感器。

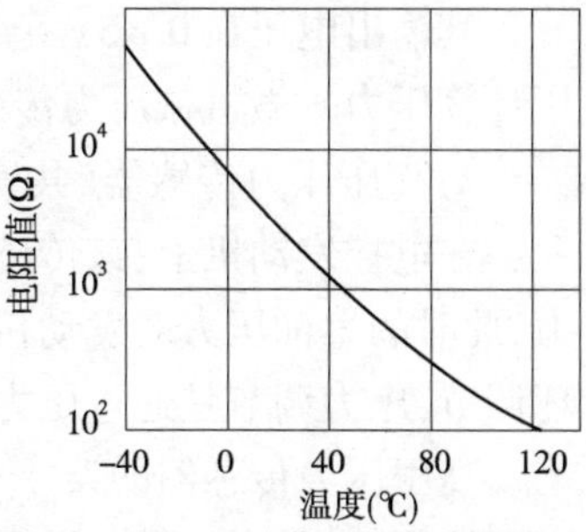

图1-2-2　NTC温度传感器特性曲线

2. 压力传感器

用在电控柴油发动机上的压力传感器通常有微机械压力传感器和高压压力传感器。

1）微机械压力传感器

（1）进气管压力或增压压力传感器。测量发动机增压器后发动机进气道的绝对压力（250kPa或2.5bar[1]）并与参考真空值比较而不是与大气压比较，从而能对空气流量进行精确计算，并根据发动机的要求对增压压力进行正确的控制和对喷油量进行修正。

（2）空气压力传感器。也被认为是环境气压传感器，它安装在ECU或发动机舱内。它的信号用于闭环控制设定值的海拔修正，如废气再循环控制（EGR）、增压压力控制。有了大气压力传感器，控制系统可以修正不同环境下空气密度对控制结果的影响。空气压力传感器测量绝对气压范围为60～115kPa或0.6～1.15bar。

（3）机油压力传感器。机油压力传感器安装在机油滤清器上，测量机油的绝对压力，这样可以了解发动机的工作情况。它的显示压力范围为50～1000kPa或0.5～0.06bar。这种压力传感器由于具有高阻抗，也可以用于燃油输送管路的压力测量，可以安装在燃油滤清器上或内部，该信号可以用于监控燃油滤清器的脏污情况，其测量范围为20～400kPa或0.2～4bar。

微机械压力传感器的核心部件是由一个被微机械蚀刻的硅薄膜和在其上的四个DMS应变片和一个真空气室组成，当有微小压力作用于硅薄膜片上时，四个DMS应变片的电阻值发生变化。根据压力测量的范围，传感器的膜片可以制成10～1000μm厚度。微机械压力传感器以惠斯登电桥（Wheatstone Bridge）原理工作如图1-2-3所示，当膜片在气压作用下发生变形时，四个测量电阻的其中两个电阻值升高而其他两个电阻值降低，这将导致电桥的输出端产生电压，本文以该电压值代表压力。信号处理电子电路被集成在传感器内部，该电路用于对电桥电压进行放大，同时补偿温度的影响，产生线性的压力特性曲线。

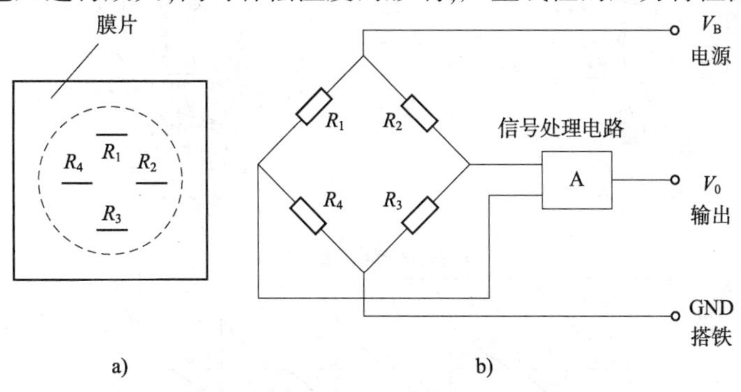


图1-2-3　微机械压力传感器工作原理

[1] 1bar = $10^5$Pa。

其输出电压在0～5V范围，通过端子与发动机的ECU连接，发动机ECU以此输出电压计算压力。微机械压力传感器也可以与温度传感器制成一体，独立地测量温度和压力。

2）高压压力传感器（共轨压力传感器）

在电控发动机上，该传感器一般应用于共轨喷射系统中，用于测量高压共轨燃油压力，此时的燃油压力对发动机的排放、噪声和发动机的动力性至关重要。燃油压力通过闭环调节，压力调节是通过压力控制阀完成。

高压压力传感器的误差小，在主要的测量范围内测量精度为2%。压力传感器被用于共轨柴油机喷射系统，最大的工作压力为200MPa（2000bar）。

该传感器的工作原理仍为惠斯登电桥原理，该传感器的核心为一个金属的膜片，测量电阻被蒸镀在膜片上形成电桥电路，膜片厚度决定了传感器的测量范围（厚的膜片用于较高的压力，薄的膜片用于较低的压力）。当被测量的压力作用于膜片时，膜片的弯曲引起测量电阻的变化（在1500bar的压力下变形接近20μm），通过电桥获得0～80mV的输出电压，电压被输入到传感器内的放大电路，放大的电压（0～5V）传输到ECU并与ECU存储的特性曲线一起计算出压力值。

3. 转速、角度传感器

1）电磁式发动机转速传感器

电磁式发动机转速传感器常用于测量发动机转速、凸轮轴位置。转速以传感器信号的频率计算而得。转速传感器信号对电控发动机管理系统是非常重要。

电磁式发动机转速传感器工作原理如图1-2-4所示，传感器与铁磁体的触发轮正对安装，它们之间有较小的空气间隙。传感器由铁芯、包围铁芯的线圈和一个永久磁铁组成。永久磁铁发出的磁场通过软铁芯传到触发轮，磁场的强度受到触发轮与传感器间的磁隙影响，当触发轮轮齿向传感器接近时，磁场强度变强，当触发轮轮齿远离传感器时，磁场强度变弱。当触发轮旋转时，将会产生一个交变的磁场，从而使得电磁线圈产生一个正弦感应电压，交变电压的振幅随着触发轮转速的提高而加大（1mV～100V），要求至少在30r/min时就能产生合适的信号电压。

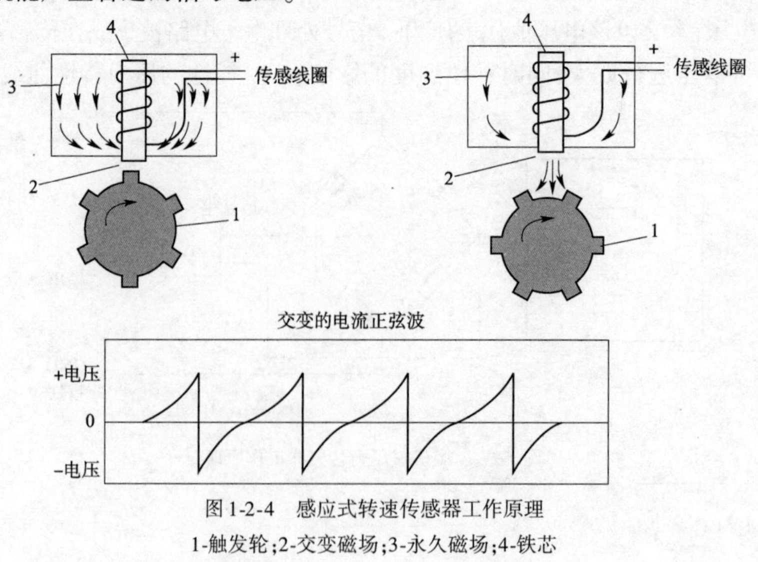


图1-2-4　感应式转速传感器工作原理

1-触发轮；2-交变磁场；3-永久磁场；4-铁芯

触发轮轮齿的数目因其应用有所不同。例如在电磁阀控制的柴油发动机管理系统中,常常使用60齿的触发轮,有2个齿被省去,这样触发轮有58个齿。较大的齿间距用于确定凸轮轴的位置,作为同步的ECU的参考信号。另外,凸轮轴触发轮齿数为$n+1$,$n$代表发动机缸数。

触发轮齿的几何形状与铁芯必须对应。ECU内的电路将幅值变化非常大的正弦波转变成常幅的方波用于ECU微处理器计算。

2)霍尔效应相位传感器

霍尔效应相位传感器一般也被应用于测量发动机转速、凸轮轴位置。

霍尔效应相位传感器提供给ECU指定活塞的压缩上止点(TDC)位置信号。霍尔效应传感器使用霍尔效应原理,一个触发轮随凸轮轴一起转动,触发轮在霍尔效应的集成电路和永久磁铁之间,永久磁铁产生垂直于霍尔元件的磁场。在垂直磁场的方向提供电流,如果其中一个触发轮的齿通过传感器元件(半导体晶片),它改变了垂直于霍尔元件的磁场强度,这将使电压下驱动的电子向垂直于电流的方向偏离,从而在与电源、磁场均垂直的方向产生毫伏级电压信号,信号电压的幅值与触发轮的转速有关。与传感器霍尔集成电路制成一体的计算电路对信号进行处理并以方波信号输出给ECU。这种传感器常用于精度要求较高的场合,它的另一个优点是温度补偿特性较好。

3)转速传感器和转角传感器(图1-2-5)

用于电磁阀控制的分配式喷油泵。该信号用于:喷油泵转速的测量、测量喷油泵和凸轮轴瞬间转角、测量正时装置的瞬间位置。

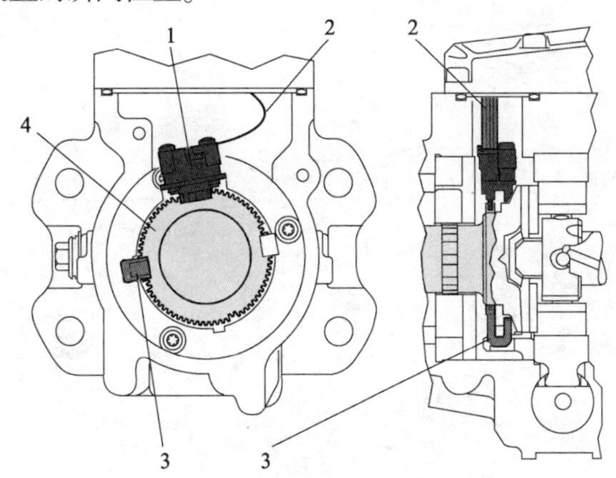


图1-2-5　转速和转角传感器

1-转角传感器;2-传输带;3-驱动;4-细齿轮

喷油泵的转速信号作为分配泵控制单元的输入信号,它用来计算喷油泵高压电磁阀的触发时间,有时还用于触发正时装置的电磁阀。

ECU必须精确计算高压电磁阀的触发时间,以便在特定的工作条件下供给合适的油量。凸轮盘的瞬间角度设定决定了高压电磁阀的触发起始点,只有精确触发高压电磁阀,才能保证高压电磁阀在正确的时刻关闭和开启,也就是说只有精确触发电磁阀才能精确控制供油起始时刻和供油量。

ECU通过比较凸轮轴转速传感器与转角传感器的信号来确定正时装置的正确控制。

在分配泵驱动轴安装了一个有120个齿的触发轮，其中有几个比较大的齿间距，其数目等于发动机的汽缸数。该传感器使用双差动磁致电阻传感器，磁致电阻为磁控制的半导体电阻，其原理与霍尔效应传感器一样。双差动磁致电阻传感器由四个相互连接的电阻形成桥式电路。传感器上有一个永久磁铁，正对着齿盘的齿被一个薄的铁磁体磁化，在其上面安装了四个磁致电阻，相互间距为半个齿间距，也就是当其中的两齿与齿顶相对时其他两个齿与齿根相对。这种传感器应用的温度环境应小于170℃。

4. 位置传感器

1）半差动短路环传感器

这种传感器通常被称为HDK传感器，通常用作行程或转角的位置传感器，这种传感器无磨损、有非常高的精度、非常牢固，常用作：在直立式喷油泵中用来测量油量控制杆的行程位置传感器、分配式喷油泵中喷油量执行装置的转角传感器。

这种传感器由一个铁芯以及安装于其两翼上的测量线圈和参考线圈组成，如图1-2-6所示，与测量线圈处于铁芯同一翼上的铜环与喷油泵的油量控制杆相连。并与油温控制杆运动而运动。而与参考线圈处于同一翼上的参考铜环的位置保持不变。当从ECU发出的交变电流通过线圈时，线圈产生交变的磁场，由于铁芯上的铜环对铁芯产生屏蔽，从而对磁场产生反作用。当测量铜环随油量控制杆运动时，测量线圈产生的磁场发生变化，由于ECU要保持通过线圈的电流恒定，因而通过线圈的电压就会发生变化。测量线圈的输出电压$U_A$相对于参考线圈的电压$U_B$的比值被一个测量电路计算，该比值与油量控制杆的位移成正比，ECU对该比值进行处理将其作为油量控制杆的位置信号。

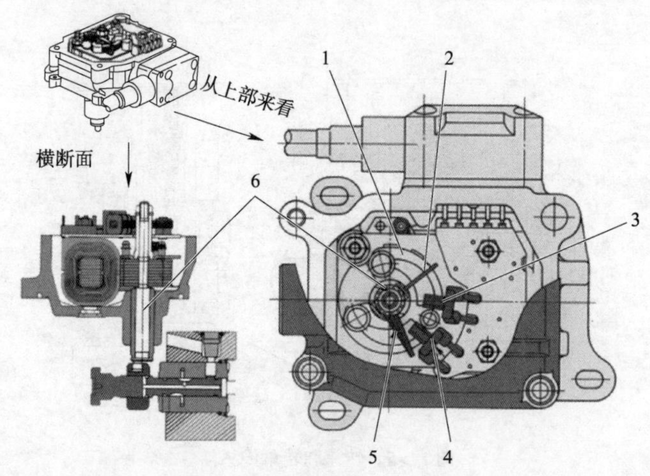


图1-2-6　半差动短路环传感器

1-传感器铁芯；2-铜环（固定）；3-温度补偿线圈；4-测量线圈；5-铜环（可移动）；6-轴

分配式喷油泵油量控制套位置传感器也采用该原理。

2）节气门位置传感器

节气门位置传感器将驾驶员所期望的动力信息转换为电压信号并送给ECU，该信号在控制单元中将进一步被处理。这个信号主要用来控制油量调节机构。

节气门位置传感器有两种工作原理：电位计型节气门位置传感器、霍尔效应转角型节气门位置传感器。

(1)电位计型节气门位置传感器。电位计型节气门位置传感器应用分压电路原理,ECU 供给传感器电路 5V 电压。节气门通过转轴与传感器内部的滑动变阻器的电刷连接,节气门位置传感器的位置改变时,电刷与搭铁端的电压发生改变,ECU 内部的受压电路将该电压转变成节气门的位置信号,如图 1-2-7 所示。

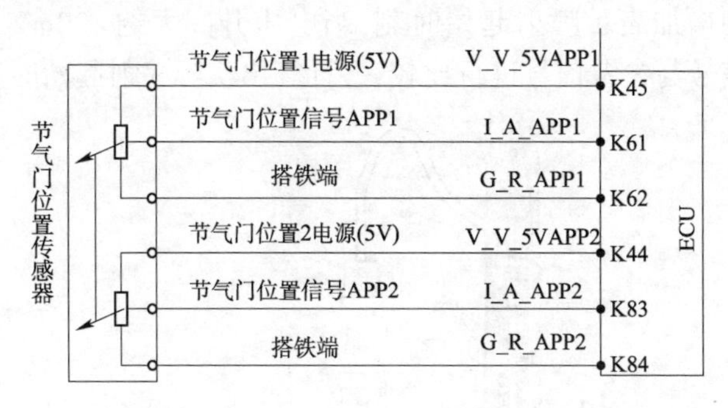


图 1-2-7 电位计型节气门位置传感器工作原理

现代汽车上多采用冗余设计的节气门位置传感器,它有两个位置传感器,第二节气门位置传感器信号为第一节气门位置传感器信号的一半,两个位置传感器信号相互监控,如第一节气门位置传感器失效,将采用第二节气门位置传感器信号作为替代信号。

(2)霍尔效应转角节气门位置传感器。霍尔效应转角型节气门位置传感器由随节气门转动的磁环和许多的固定的软磁感应元件组成。磁环产生磁场,固定的软磁感应元件对磁场进行导向,这样转动的磁场直接通过位于两个半圆感应元件间的霍尔元件,而转角决定了流经霍尔元件的磁场的强度,这样节气门转角就转换为由霍尔元件产生的电流(电压)信号,如图 1-2-8 所示。

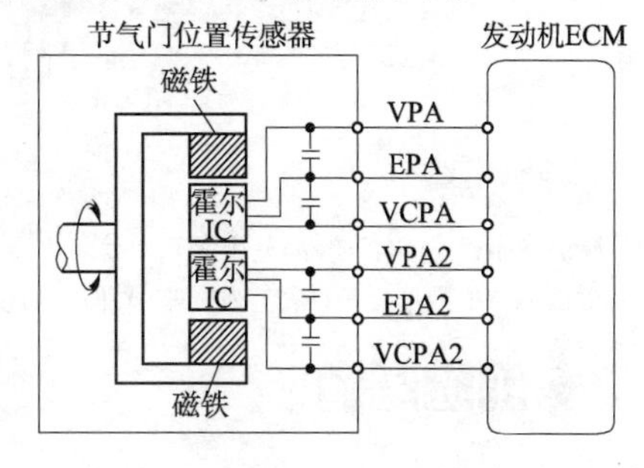


图 1-2-8 双霍尔节气门位置传感器

5. 热膜式空气质量传感器

热膜式空气质量传感器是一个带有逻辑输出的空气质量传感器,为了获得空气流量,用安装在中间的加热电阻来加热传感器元件上的传感器膜片,如图 1-2-9 所示,膜片上的温度分配被与加热电阻平行安装的温度电阻测量。通过传感器的气流改变了膜片上的温度,从而使得两个温度电阻的电阻值产生差异。电阻值的差异取决于气流的方向和流量,因此,空气流量传感器对空气的流量和方向具有较高的要求。微机械制造的传感器元件的小尺寸和较低的热容量式传感器的响应时间小于 15ms。如需要可以在传感器内部安装进气温度传感器,用以测量进气温度。

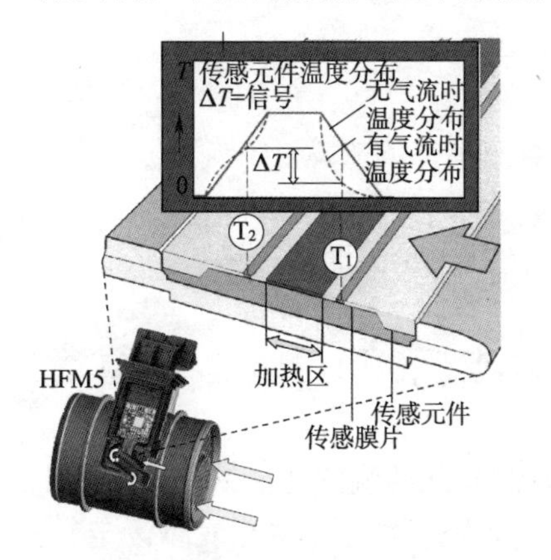


图 1-2-9 热膜式空气质量传感器工作原理

6. 针阀运动传感器

针阀运动传感器用来检测实际喷射起始时刻,针阀运动传感器安装在某一缸喷油器内。它由一个线圈、一个压杆(喷油器压杆)和一个铁芯组成,如图 1-2-10 所示。工作原理是,工作时 ECU 给线圈提供约 40mA 的恒定电流,其电压在 1.8 ~ 8.8V。由于线圈中有电流通过,这样就产生了一个磁场,该磁场从线圈开始通过压杆至铁芯再回到线圈形成回路。当压杆上下移动时,磁场随着压杆运动速度的变化而变化,为了维持 40mA 的恒定电流 ECU 必须加大线圈电压,电压的增加表示喷射起始时刻,当电压升高大约 120mV 时系统即可识别。在控制单元中,该信号与参考信号进行比较,并计算出实际喷射起始时刻。

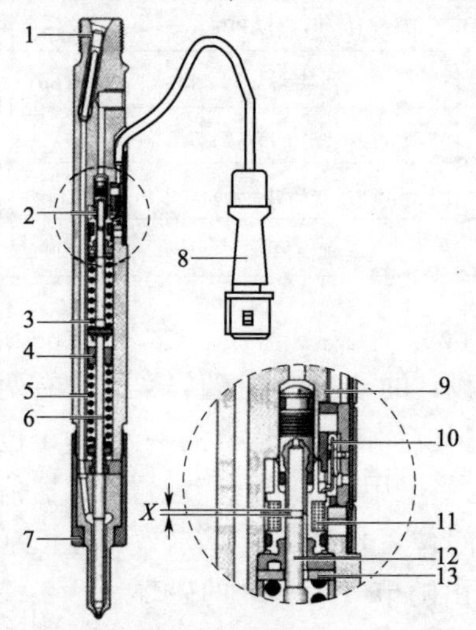


图 1-2-10　针阀运动传感器

1-喷油器体;2-针阀传感器;3-弹簧 1;4-导向块;5-弹簧 2;6-推杆;7-喷油器紧帽;8-插头;9-导向销;10-插头销片;11-传感器线圈;12-推杆延长杆;13-弹簧座;$X$-伸入长度

## 任务实施

1. 分析

电控系统车辆出现故障情况,首先是用诊断仪读取故障码和数据流,然后根据具体问题具体分析。

2. 工具装备

通用工具一套、诊断仪、整车或发动机运行台一台、万用表。

3. 实施方法

(1)故障再现起动车辆,踩下加速踏板,确认是否是客户描述的故障。

(2)诊断使用诊断仪对车辆进行诊断,确认故障码。

P2135 节气门位置 2 与节气门位置 1 信号比较不可信,P0335 无曲轴信号。

(3)故障解析。

如图 1-2-11 所示,节气门位置信号线为 A 号线和 F 号线,故障码显示此处有问题,首先对此处的电压进行测量。

(4)检测断开节气门位置 A 和 F 端的线束连接,分别测量此两端的对搭铁电压 $U_1$ 和 $U_2$。应为 $U_1 = 2U_2$(允许有一定的上下误差,误差允许范围由开发人员在开发时设定),若超出范围,则可能为节气门位置问题。如正常,则可能为针脚 A 端或 F 端连接的线束有短路的现象，如图 1-2-12 所示。

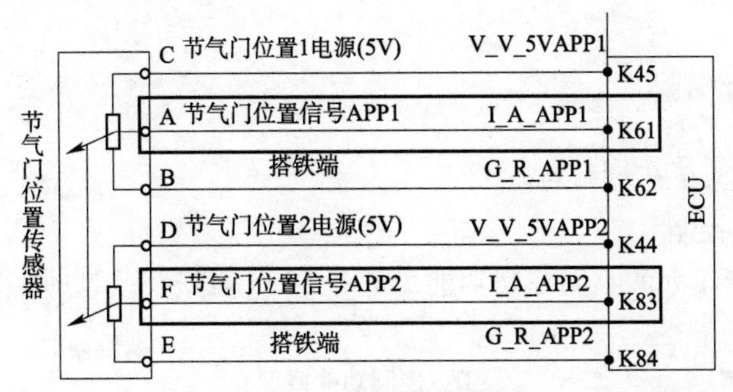


图 1-2-11　节气门位置信号线

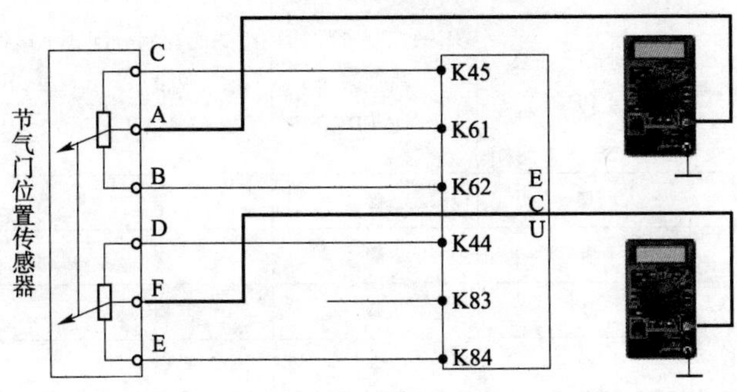


图 1-2-12　测量示意图

(5)曲轴传感器故障排查。

①断开传感器插头，测量传感器电阻(860 ± 86)Ω，电阻值不对则需更换。

②断开传感器插头，使用示波器测量起动时曲轴信号是否有正常的正弦波。

③拆下检查传感器外观，看是否在传感器表面吸附有铁屑。

④厚薄规测量传感器与信号轮之间的间隙，如图 1-2-13 所示。

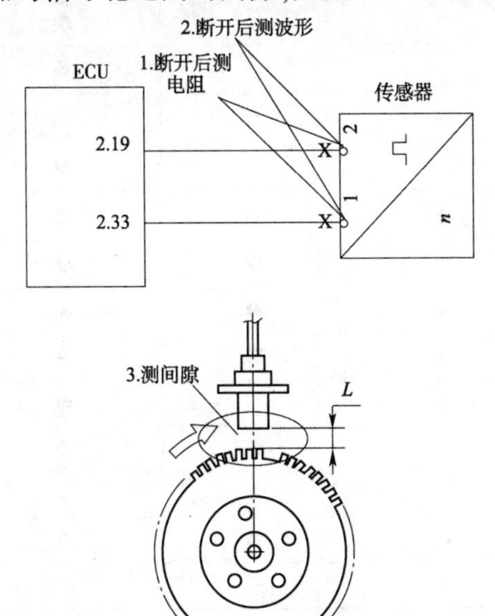


图 1-2-13　曲轴传感器测量

(6)更换配件后,重新起动车辆,连接诊断仪,观察数据流,确认没有问题后,将车辆交还给客户。

电控燃油喷射系统的控制功能

1)燃油喷射量控制

带有 EDC 控制单元的不同控制功能见表 1-2-1。当安装改型时,有些功能是由厂家对 ECU 进行激活。

**EDC 控制功能概况** 表 1-2-1

| 功能 \ 燃油喷射系统 | 直列式喷油泵 PE | 斜槽控制分配式喷油泵 VE-EDC | 电磁阀控制分配式喷油泵 VE-M、VR-M | 电控泵喷嘴和单体泵系统 UIS、UPS | 共轨系统 CR |
|---|---|---|---|---|---|
| 喷油量限制 | ● | ● | ● | ● | ● |
| 外部转矩干涉 | ●[3] | ● | ● | ● | ● |
| 车速限制 | ●[3] | ● | ● | ● | ● |
| 车速控制(巡航控制) | ● | ● | ● | ● | ● |
| 海拔补偿 | ● | ● | ● | ● | ● |
| 增压压力控制 | ● | ● | ● | ● | ● |
| 怠速控制 | ● | ● | ● | ● | ● |
| 中间转速控制 | ●[3] | ● | ● | ● | ● |
| 主动喘振抑制 | ●[2] | ● | ● | ● | ● |
| BIP 控制 | — | — | ● | ● | — |
| 进气道关闭 | — | — | ● | ●[2] | ● |
| 电子防盗 | ●[2] | ● | ● | ● | ● |
| 可控制的预喷射 | — | — | ● | ●[2] | ● |
| 预热控制 | ●[2] | ● | ● | ●[2] | ● |
| A/C 开关 | ●[2] | ● | ● | ● | ● |
| 辅助冷却液加热 | ●[2] | ● | ● | — | ● |
| 汽缸平衡控制 | ●[2] | ● | ● | ● | ● |
| 喷油量补偿控制 | ●[2] | — | ● | ● | ● |
| 风扇触发 | — | ● | ● | ● | ● |
| EGR 控制 | ●[2] | ● | ● | ●[2] | ● |
| 带传感器的喷油起始控制 | ●[1,3] | ● | ● | — | — |
| 汽缸断缸 | — | — | ●[3] | ●[3] | ●[3] |

注:1-仅仅控制滑套直列式喷油泵;2-仅仅用于轿车;3-仅仅商用汽车。

为了使发动机在所有的工作条件下都能以理想的状态运行,ECU 必须精确地计算喷射的燃油量,此时必须要考虑许多参数,如在多数电磁阀控制的分配泵上,控制燃油喷射量和喷油时刻的电磁阀由独立的油泵 ECU(PSG)控制。

(1)起动油量。在起动工况下,喷油量是由冷却液温度和曲轴转速确定,起动开关转动到起动挡,控制单元即可获得起动信号,在给定的最小转速达到前驾驶员不能影响起动油量。

(2)怠速控制。当加速踏板没有被操作时,怠速控制(LLR)功能起作用,设定的转速可以依据发动机工作模式来进行调整,例如在发动机冷态时怠速通常设定得比热态时高。还有一些发动机怠速保持稍高一点的情况,例如,车辆电子系统电压过低时、空调系统打开时、车辆惯性行驶时。在车辆遇到交通堵塞时、遇交通灯停车时,发动机可能长时间保持怠速工作,考虑到排放规定和燃油消耗,怠速转速必须在保证平稳运转和正常起步的前提条件下尽可能的低。

在调整规定的怠速时,发动机驱动附加设备需要的输出功率变化很大,怠速控制必须应对发动机的转速波动。例如电气系统电压过低时,发动机消耗的功率要大一些,必须考虑 A/C 压缩机、转向助力泵、燃油喷射系统的高压泵所需求的动力。这些瞬间的外部负荷变化和与温度相关的发动机内摩擦力变化都会要求发动机输出更大的动力,这些必须通过怠速控制来补偿。

为得到理想怠速,控制器必须持续的调节喷油量直到实际的发动机转速与目标转速一致。

(3)正常行驶工况。在车辆正常驱动行驶时,喷油量由节气门位置(节气门位置传感器)和发动机转速确定,计算时考虑其他的传感器的反馈信号(例如燃油和进气温度、进气压力等),这使得发动机的输出尽可能与驾驶员的期望一致。

(4)喷油量控制。

①断缸。如果发动机在高转速小转矩工况运行时,所需的喷油量非常小,断缸功能会用来减小转矩。关闭一半的喷油器(商用汽车的 UIS、UPS、CRS),剩下的喷油器以非常精确的、较多的喷油量提供燃油。当个别喷油器被接通或关闭时,通过软件修改控制功能保证发动机平稳过渡,转矩的变化感觉不明显。

②平稳运转控制(SRC)、喷油量补偿控制(MAR)假定同样的喷油过程,不是所有的汽缸均能获得同样的转矩,这可能是由于汽缸盖密封不同、汽缸的阻尼不同、喷油器性能不同而引起。各缸转矩输出的差异引起发动机工作粗暴和废气排放升高。

平稳运转控制(SRC)、喷油量补偿控制(MAR)是利用发动机转速波动来检测各缸转矩输出的差异,通过调整汽缸内的喷油量来补偿发动机输出转矩的变化。某汽缸在燃油喷射后的转速与预期转速比较,如果转速过低,该控制系统会增加喷油量;如果过高,减小喷油量。

(5)喷油量限制。为了避免这些负面影响,利用一些输入变量(例如进气量、发动机转速、冷却液温度)来确定喷油量,同时限制了最高的燃油喷射量和最大的发动机转矩。

这样的话可能会有下列影响:

①最高转速控制。最高转速控制保证发动机不会超转速运行,为了避免发动机损坏发动机制造厂规定了仅可以在非常短的时间内超过的最高转速。超过额定功率的工作点,最高转速器持续减小喷油量,直到完全停止燃油喷射时,发动机转速刚刚在最高转速

点之上。

②车速控制器(巡航控制)。巡航控制允许车辆以一个恒定速度行驶,它将车辆的速度控制到由驾驶员选择的车速,不再需要驾驶员踩加速踏板来调整车速,驾驶员可以通过操纵一个手柄或按压转向盘的按钮设定要求的车速,喷油量自动增加或减少,直到设定的速度达到并维护这个车速。

在一些巡航控制中,踩下加速踏板车辆加速并超过设定的车速,一旦释放加速踏板巡航控制随即调节车速回到先前设定的车速。

在巡航控制被激活时,如果驾驶员踩下离合器或制动器踏板,巡航控制终止。还有一些巡航控制可以通过加速踏板中断。

如果关闭巡航控制,驾驶员仅仅需要移动控制杆到存储位置,再选择最后一个设定的速度。操作控制也可以被用作按部就班地选择速度的变化。

③发动机制动功能。当利用发动机制动时,ECU 拾取发动机制动开关位置信号,喷油量降为零或以怠速喷油量喷油。

(6)压力波动修正。在所有的共轨系统中,喷射时在喷油器与共轨间的管路中产生一定的压力波动。在燃烧过程中,压力波动会影响以后的喷射过程(预喷射、主喷射、后喷射)的喷油量,后续喷射的偏离与先前喷射的燃油量、喷射时间间隔、共轨压力和燃油温度相关。结合这些参数进行合适的补偿运算,ECU 可以计算出一个修正值,对于该修正功能要求极高的应用资源,为了得到理想的柔性燃烧,通过调节预喷射与主喷射间的间隔时间就可能实现。

2)喷射起始时刻控制

喷射起始时刻严重影响功率输出、燃油消耗、噪声和排放。喷射起始时刻的目标值与发动机转速和喷油量相关,它被以特定的图形储存于 ECU 中,喷射起始时刻的目标值主要由冷却液温度和环境压力两个参数确定。

制造和安装误差以及电磁阀使用过程的变化、电磁阀通电时刻的微量变化,都会导致喷油起始时刻的变化。喷油器总成的响应能力在整个过程会变化,燃油的密度和温度也影响喷射的起始时刻。为了保证精确的排放控制,必须通过控制进行补偿。闭环控制的应用见表 1-2-2。

**喷射起始时刻控制表** 表 1-2-2

| 闭环控制 / 喷射系统 | 使用针阀运动传感器控制 | 供油起始时刻控制 | BIP 控制 |
|---|---|---|---|
| 直列喷油泵 | ● | — | — |
| 斜槽控制的分配泵 | ● | — | — |
| 电磁阀控制的分配泵 | ● | ● | — |
| 共轨 | — | — | — |
| 泵喷嘴/单体泵 | — | — | ● |

共轨喷油系统使用高电压触发控制,能获得高精度、可重复的喷油起始时刻,因此取消起始时刻调节功能。

(1)使用针阀运动传感器的闭环控制。感应式针阀运动传感器安装在一个喷油器上(参考喷油器,通常是第一缸),当轴针开启(和关闭)时传感器传输一个脉冲,如图1-2-14所示。针阀开启信号用作喷射起始时刻的确认信号,这意味着在闭环控制中,对特定工作点的喷油起始时刻与目标值进行比较。

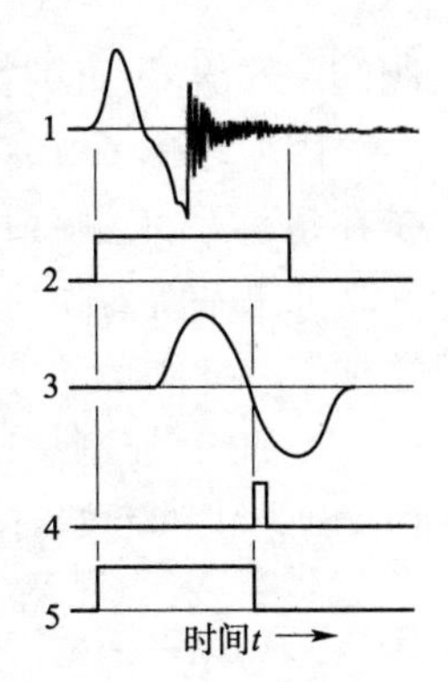


图1-2-14　针阀运动传感器信号条件

1-未处理的针阀运动传感器信号;2-由针阀运动传感器信号导出的信号;3-未处理的感应式发动机转速传感器信号;4-从未处理的发动机转速信号导出的信号;5-计算的喷油起始时刻信号

针阀运动传感器的未处理信号,在转换成方波信号前进行放大和抗干扰处理,对参考缸的方波信号可以用作喷射起始时刻的标记。

喷射起始时刻控制的执行装置(直列泵线圈执行器、分配泵提前装置电磁阀)由ECU控制。这样,实际喷射起始时刻常常与期望的设定点的喷射起始时刻保持一致。

当有燃油喷射及发动机转速稳定时,喷射起始时刻信号才能被计算,在起动和超速(无燃油喷射)时针阀运动传感器不能提供良好信号,信号太弱,因为没有有效喷油起始时刻的确认信号,喷油起始时刻就不能实现闭环控制。

在直列泵上,到喷油起始时刻控制器的校准电流几乎没有延迟,特殊的数字控制器改善了喷油起始时刻的精度和控制器的动态响应。

在开环控制系统上,为了同样保证喷油起始时刻的精确性,在滑套执行器的喷油起始时刻线圈被标定,用于补偿误差的影响,线圈的电阻因温度的影响通过电流控制器进行补偿。所有的这些测量,均根据ECU中与起始时刻对应的电流设定值来进行,控制供油起始时刻线圈的正确行程和正确的喷射起始时刻。

(2)使用增量转角、时刻信号(IWZ)的喷油起始时刻控制。在电磁阀控制的分配泵(VP30、VP44)中,即使没有针阀运动传感器的帮助,喷射起始时刻也是非常精确的将位置控制应用到分配泵内的提前装置上,得到高的控制精度。这种形式的闭环控制在供油起始时刻控制上被应用。供油起始时刻与喷油起始时刻相互间存在一定关系,这些数据存储在发动机控制单元内的压力波传播时间图中。

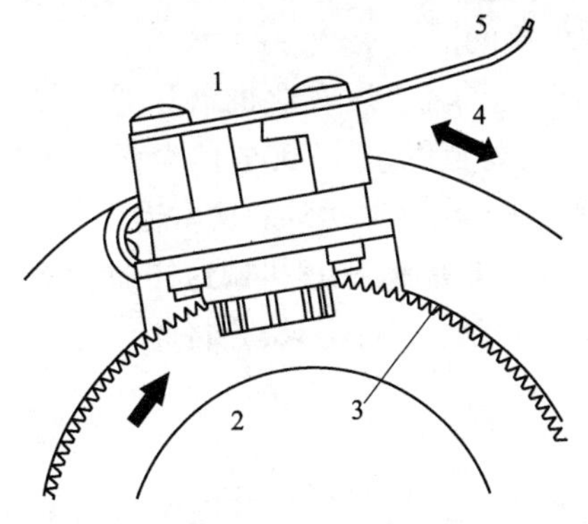


图1-2-15　转速、转角传感器

1-喷油泵内的转速、转角传感器;2-触发轮;3-触发轮齿缺口;4-随提前装置的运动;5-电器连接

从曲轴转速传感器来的信号和从喷油泵内增量转角/时刻系统来的信号(IWZ信号)一起,作为位置控制的提前装置的输入信号。

如图1-2-15所示,油泵内IWZ信号是通过转速、转角传感器1和安装于驱动轴上的触发轮2产生,传感器与提前装置一起运动,当提前装置的位置改变时,也改变了齿的缺口相对于曲轴转速传感器TDC的位置。由齿的缺口产生的同步脉冲与TDC脉冲间的角度,被油泵ECU连续拾取,并与存储的参考比较,两个角度的差异代表了提前装置的实际位置。这个位置被与设定点/期望值比较,如果提前装置的位置产生偏离,通过改变提前装置电磁阀的触发信号,直到实际的位置与设定的位置相吻合。

因为考虑了所有的缸,这种供油起始时刻控制方式的优点是系统响应快速,它的优点是在超速无燃油喷射时仍能工作,这意味着在下一次喷射前提前装置已被预设定。

如果系统对喷射起始时刻精确性要求更严格,在这种情形下,供油起始时刻可以选择添加带有针阀运动传感器,对喷射起始时刻控制。

(3)BIP 控制。BIP 控制通常用于电磁阀控制的泵喷嘴系统(UIS)和单体泵系统(UPS)。供油起始时刻 BIP(喷射时期开始)被定义为电磁阀关闭的瞬间,因为从此点开始喷油泵高压腔开始建立压力。在压力超过喷油器开启压力时喷油器开启,喷射才能开始(喷射起始时刻)。

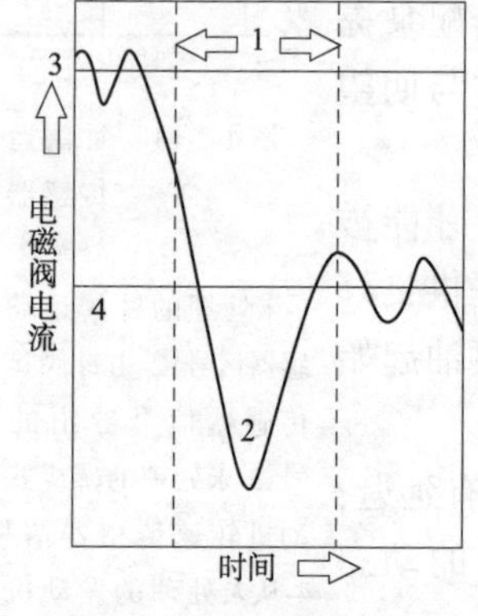

图 1-2-16　BIP 信号拾取

1-BIP 带;2-BIP 信号;3-拾取电流;4-保持电流

因开始供油和开始喷油有直接联系,精确控制喷射起始时刻所必需的信息基于供油起始时刻。

为了避免使用附加的传感器(例如针阀运动传感器),电磁阀的电流被用于拾取喷油起始时刻。在期望的电磁阀关闭的瞬间附近,使用恒定触发电压(BIP 带,如图 1-2-16 中 1 所示),当电磁阀关闭时的感应作用,导致在曲线上有一个特定的特征,它被 ECU 记录并计算。对于每一个喷射过程,记录和存储电磁阀关闭点的偏离,并作为下一次喷射的补偿值。

如果 BIP 信号失效,ECU 切换到开环控制。

3)更多的匹配

除以上这些描述之外,电子柴油机控制(EDC)系统允许更大范围内的其他功能,主要有以下几种:

(1)行车记录。在商用汽车上,行车记录可以记录发动机运行的操作条件(例如,车辆运行了多长时间、在什么样的温度、什么样的负荷和在什么样的发动机转速下),它用来记录发动机故障发生时的运行条件情况,例如车辆的维护间隔。

(2)非公路车辆的适应性。包括柴油火车、轨道客车、建筑机械、农业机械和船用发动机,在这些车辆应用中,柴油机比公路车辆更多地在全负荷范围工作(90% 的全负荷工作与其他交通工具的 30% 相比)。为了保证发动机寿命,必须降低发动机的功率输出。

行驶里程作为公路车辆维护间隔的常用标准,但对如农业机械、工程机械这样的设备不再有用。取而代之,在这里使用行车记录仪对发动机工作时间进行记录,并将此作为维护间隔的标准。

4)其他执行器的控制与触发

除燃油供给系统以外,EDC 还负责许多其他的执行器的控制与触发。这些执行器用于进气控制、发动机冷却控制、柴油机的起动辅助系统控制,与燃油喷射闭环控制一样,从其他系统输入的信号也加以考虑。

车辆的形式、应用领域和燃油喷射的形式不同,执行器的触发方式也不同。

执行器的不同触发方式:使用合适的信号,执行器由发动机 ECU 通过功率放大器直接驱动(如 EGR 阀);如果执行器需大电流驱动(如风扇控制),ECU 触发继电器;发动机传输信号到独立的 ECU,该 ECU 触发或控制执行器(如预热控制)。

在发动机的 ECU 中,发动机控制功能的优点是不仅仅考虑喷油量和喷油起始时刻,还考虑其他控制功能,如 EGR、增压压力控制,这使发动机管理得到明显的改善。除此之外,发动机控制单元处理的大量信息也用于其他功能(如进气温度也被用于柴油机的预热控制)。

(1)辅助冷却液加热。高性能的柴油发动机热转换效率很高,在一定的环境条件下不能产生足够的热量加热发动机到工作温度。解决这个问题的办法是安装一个预热塞加热的辅助冷却液加热装置,根据蓄电池存电情况,由发动机 ECU 触发这个装置。

(2)进气道控制。在发动机低转速或怠速工况时,由电子真空转换装置控制的阀门关闭一侧进气道,新鲜空气只能通过螺旋进气道流入,这将改善低转速时的空气涡流,从而提高燃烧效率。在高转速工况,由于进气道 5 的开启,发动机的进气效率提高,提高了动力输出,如图 1-2-17 所示。

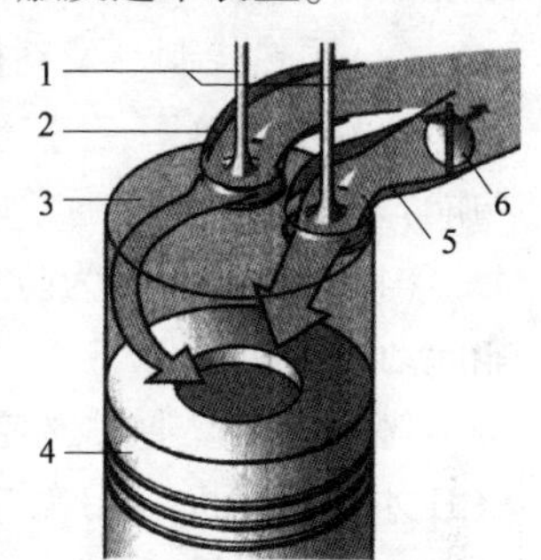


图 1-2-17　进气道关闭

1-进气门;2-涡流气道;3-汽缸;4-活塞;5-进气道;6-拍门

(3)增压压力控制。应用废气涡轮增压器的增压压力控制改善了发动机全负荷范围的发动机转矩特性,也改善了发动机在部分负荷范围废气再循环控制。理想(期望)的增压压力由发动机转速、喷油量、冷却液温度、燃油温度及大气气压力决定,由增压压力传感器拾取的实际值与理想压力值进行比较,如果有偏离,系统就会控制废气旁通阀的电子真空转换器或改变的涡轮增压器的导向叶片。

(4)风扇触发。当发动机温度超过给定值时,发动机 ECU 激活冷却风扇,熄火后冷却风扇可能会连续运行一段时间,运行的时间是受先前冷却液温度和发动机负荷信号确定的。

(5)废气再循环。为了降低 $NO_x$ 的排放,将废气经一个通道引入到发动机的进气道,该通道的断面积受 EGR 阀调节。EGR 阀受电子真空转换装置或电子执行器控制。

由于废气的温度和污染物的含量很高,参与再循环的废气量很难测量。所以通过位于新鲜空气进气流中的空气质量测量来非直接控制,测量的输出信号与由许多参数(例如发动机转速)计算出来的(在 ECU 中)理论所需空气量来比较,进入的新鲜空气测量值与理论空气需求相比越低,再循环的废气的比例越高。

5)自诊断及替代保护功能

自诊断功能会存储已发生故障的数据,该数据可在维修时读取。

如果个别的输入信号失效,ECU 将缺少计算所需要的重要信息。在这种情形下,使用替代功能,下面给出两个示例:

(1)燃油温度传感器是计算燃油喷射量所必需的,如果燃油温度传感器失效,ECU 使用一个替代值,尽管在一定的范围会引起发动机的动力降低,但为了避免生成过量的炭烟,必须使用这个替代值。

(2)凸轮轴位置传感器失效,ECU 使用曲轴传感器信号作为替代,各车辆制造厂使用曲轴信号确定第一缸在压缩行程的方法各有不同。替代功能的使用可能会使发动机起动时间稍长。替代功能各车辆制造厂有差异,可能有不同的特定车辆控制功能。

6)与其他系统的数据交换

(1)燃油消耗信号。发动机 ECU 确定燃油消耗并通过 CAN 将该信号发送到组合仪表或独立的车载电脑,驾驶员可以看到即时的燃油消耗、油箱剩余燃油能够行驶的里程等信息,而老的系统通过使用脉宽调制信号来计算燃油消耗量的。

(2)起动机控制。起动机可以由发动机 ECU 控制,这样在发动机运行时起动机就不能被操纵。起动机只能运转一个给定的长时间,并保证达到可靠的持续运转的转速。这个功能可以选用质量更小、价格更低的起动机。

(3)预热控制。发动机 ECU 提供给预热控制单元预热开始和持续时间信息,预热控制单元触发预热塞、监控预热过程并在故障发生时将故障信息反馈到发动机 ECU(诊断功能)。预热指示灯通常由发动机 ECU 激活。

(4)电子防盗。为防止未经授权的起动和驾驶,防盗 ECU 未解锁发动机 ECU 前,不能起动发动机。

驾驶员可以通过遥控或预热起动开关(点火钥匙)给防盗 ECU 合法身份信息,防盗 ECU 才对发动机 ECU 解锁,并允许发动机起动和正常工作。

(5)外部转矩干涉。在外部转矩干涉的情形下,喷油量受其他的 ECU(如传动控制或 TCS)影响,它将提供给发动机 ECU 转矩是否被改变及改变范围(这将决定喷油量)的信息。

(6)发电机控制。通过串行接口,EDC 可以遥控和监测发电机,像发动机可以被关闭一样,调节器的调节电压也可以被控制。在蓄电池电压过低的情形下,通过升高发动机怠速可以改善发电机的充电特性,也可以通过这个接口进行简单的电源系统故障诊断。

(7)空调。为了保持舒适的车内温度,在外界温度太高时,空调系统可以将车内温度降低,空调压缩机最高可能消耗高达 30% 发动机功率输出。

在驾驶员猛踩加速踏板时(即期望的最大转矩),为了集中所有的发动机功率到驱动轮,通过发动机 ECU 短暂关闭空调压缩机。由于压缩机关闭非常短暂,对车辆内部温度的影响无明显。

## 任务训练

学生按照实施过程进行分组训练,训练过程中注意检测步骤、小组协作,完成任务工单,见表 1-2-3。

**传感器的检测训练任务工单** 表 1-2-3

<table>
<tr><td>姓名</td><td></td><td>学号</td><td></td><td>班级</td><td></td><td rowspan="2">组别及成员</td></tr>
<tr><td>场地</td><td></td><td>时间</td><td></td><td>成绩</td><td></td></tr>
<tr><td>任务名称</td><td colspan="6">传感器的检测</td></tr>
<tr><td>任务目的</td><td colspan="6">能够运用所学知识完成对常用传感器进行检查和测量</td></tr>
<tr><td>工具、设备准备</td><td colspan="6">128 件套装工具、整车或发动机运行台、万用表、诊断仪</td></tr>
<tr><td>信息获取</td><td colspan="6"></td></tr>
<tr><td>任务实施</td><td colspan="6"></td></tr>
<tr><td>任务实施总结</td><td colspan="6"></td></tr>
</table>

## 任务评价

为促进学生的学习以及对专业技能的掌握,建立以指导教师评价、小组评价、学生自评为主导的实训评价体系,依据各方对学生的知识、技能和学习能力、学习态度等情况的综合评定,认定学生的专业技能课成绩,见表 1-2-4。

**传感器的检测评价表**　　表 1-2-4

<table>
<tr><th colspan="2">考核单元</th><th>考核内容</th><th>分　值</th><th>自　评</th><th>组　评</th><th>师　评</th></tr>
<tr><td colspan="2">行为规范</td><td>课堂纪律、学习态度、学习兴趣等方面</td><td>20</td><td></td><td></td><td></td></tr>
<tr><td rowspan="4">考核</td><td rowspan="2">技能考核</td><td>常用传感器位置认知</td><td>30</td><td></td><td></td><td></td></tr>
<tr><td>能够运用所学知识找到传感器,并完成测量</td><td>30</td><td></td><td></td><td></td></tr>
<tr><td>理论考核</td><td>阐述常见传感器的原理</td><td>20</td><td></td><td></td><td></td></tr>
<tr><td colspan="2">综合测评</td><td colspan="4">□优秀　□良好　□合格　□不合格<br>教师签字:</td></tr>
</table>

## 任务训练

**1. 单项选择题**

(1)发动机上传感器的电源电压通常为(　　)。

A. 5V　　B. 12V　　C. 24V　　D. 220V

(2)负温度系数热敏电阻(NTC)的特性为(　　)。

A. 随着温度的升高,电阻值下降　　B. 随着温度的升高,电阻值上升

C. 随着温度的升高,电阻值不变　　D. 随着温度的升高,电阻值周期性变化

(3)CAN-H、CAN-L 针脚之间电阻为(　　)Ω。

A. 60 或 120　　B. 100　　C. 200　　D. 300

(4)曲轴传感器触发齿轮的齿数为(　　)。

A. 60　　B. 58　　C. 120　　D. 360

**2. 多项选择题**

(1)发动机上温度传感器包括(　　)等。

A. 冷却液温度传感器　　B. 燃油温度传感器

C. 机油温度传感器　　D. 进气温度传感器

(2)冷却液温度传感器检测发动机冷却液的温度,用来修正(　　)。

A. 喷油量　　B. 喷油角度　　C. 喷油正时　　D. 发动机转速

(3)电控燃油喷射系统的控制功能包括(　　)。

A. 燃油喷射量控制　　B. 喷射起始时刻控制

C. 其他执行器的控制与触发　　D. 传感器控制

**3. 判断题**

(1)发动机上同一类型的传感器的型号都是一样的。 (  )

(2)凸轮轴传感器触发齿轮齿数与发动机缸数一致。 (  )

(3)节气门位置传感器中,第一组节气门位置信号与第二组节气门位置信号一致。 (  )

(4)ECU 通过比较凸轮轴传感器与转速传感器的信号来确定正时装置的正确控制。 (  )

**4. 分析题**

简单描述曲轴传感器及其线路的故障排查。

## 模块小结

本模块学习了电控系统的基本检测,主要包括:诊断仪的基本结构和使用方法,传感器的结构和原理,传感器的基本测量及可能故障原因分析等,最终达到能够熟练使用诊断仪进行故障诊断、分析、排除的目的。

# 学习模块2　典型电控燃油系统的检修

## 模块概述

柴油发动机电控管理系统中最重要的是电控喷油系统，在其发展过程中相继出现了位置控制式、时间控制式和压力—时间控制式。

1. 位置控制式电控喷油系统

第一代电控喷油系统，完全保留了传统燃油系统的基本结构，通过增加由传感器、执行器和微处理器所组成的控制系统，对油泵的齿条或滑套位置进行控制，从而控制燃油喷射系统的燃油喷射量，提高燃油喷射系统的控制能力和适应性。

2. 时间控制式电控喷油系统

第二代电控喷油系统，主要控制高速电磁阀开启和关闭的时刻，通过电磁阀打开时间的长短来控制供油量的多少，可以直接对柴油机的燃油喷射过程进行控制。根据高压产生的装置的不同，又可分为分配泵式、直列泵式、泵喷嘴式及单体泵式电控柴油喷射。

3. 压力—时间控制式电控喷油系统

第三代电控喷油系统，以高压共轨式燃油喷射系统为代表，该系统对传统燃油系统的主要基本零部件都进行了革新，其特征是喷油压力的产生过程与燃油的喷射过程无关，采用高速强力电磁阀对喷油始点和喷射量进行独立灵活、精确的控制。

随着国家排放法规的日益严格，第一代电控喷油系统和部分第二代喷油系统在市场中的占有率越来越小。就目前而言，泵喷嘴和单体泵系统在工程机械上还有一定规模的应用，因此本模块以此为主进行介绍，高压共轨式燃油喷射系统会在下一模块进行介绍。

**【建议学时】**

12课时。

## 学习任务2.1　泵喷嘴和单体泵系统的检修

(1)掌握泵喷嘴的结构和工作原理。

(2)掌握泵喷嘴的拆装方法和简单故障排查方法。

(3)掌握单体泵的结构和工作原理。

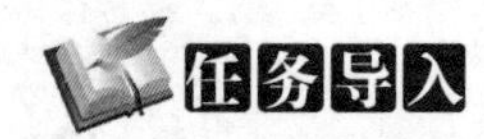


客户有一台沃尔沃商用车，最近发现动力不足，经维修站检查，怀疑是泵喷嘴出现问题，要求更换。客户要求对单体泵进行检查，看看有无维修价值，需不需要直接整套更换。

## 知识准备

1. 商用车泵喷嘴系统

在泵喷嘴系统中，喷油泵、高压电磁阀和喷油器形成一个整体单元。发动机每个汽缸都在其汽缸盖上装有一个这样的单元，它直接通过摇臂或间接地由发动机凸轮轴通过推杆来驱动，如图 2-1-1 所示。

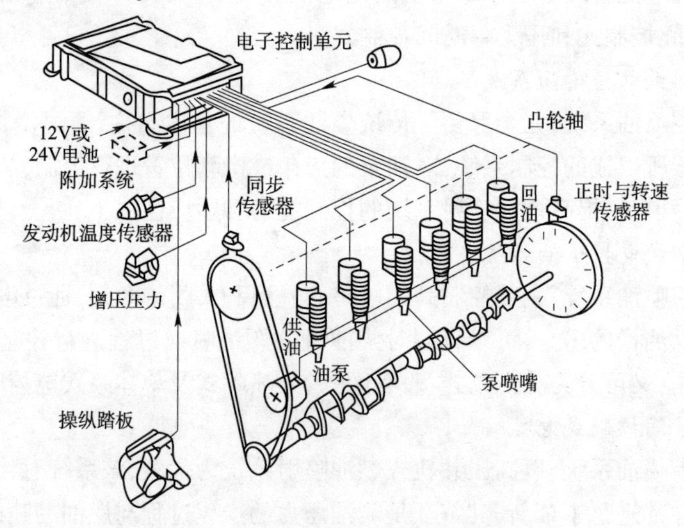


图 2-1-1　泵喷油嘴系统（UIS）

与直列式和分配式喷油泵相比，通过去掉高压油管能够使喷油压力有显著的提高（最高至 205MPa）同时获得非常好的喷油过程。这样高的喷油压力加上对喷油持续时间（即喷油量）和喷油始点的特性曲线进行电子闭环控制，就能使柴油发动机的有害物质排放明显降低，并获得形状良好的供油率曲线。

电子控制的设计可以增添许多不同的附加功能。

1）泵喷嘴系统低压油路

（1）低压油路组成。燃油管路系统由燃油箱、散热器、燃油泵、燃油滤清器、手油泵、溢流阀以及它们之间的连接油管组成。

（2）低压油路工作过程。如图 2-1-2 所示，油箱中的燃油通过燃油泵加压，经散热器、燃油滤清器被送到泵喷嘴的进油口。同时，电控单元被流过散热器的燃油冷却（散热器安装在控制单元的背面）。手油泵用来排除燃油箱和燃油滤清器之间连接管路中的空气。

为了防止由于燃油泵供给的燃油压力的波动引起喷油量的变化，当压力超过设定值时，燃油从燃油滤清器的溢流阀流回油箱。

在燃油吸入柱塞腔之前，燃油流经用以控制燃油流向的被高压电磁阀打开的控制阀进入到电控泵喷嘴进油道。

高压电磁阀的控制阀由电控单元关闭，被柱塞加压的燃油在最佳的喷射时刻压送到喷油器总成并喷入发动机汽缸，同时，最佳的喷油量由控制阀的关闭时间确定。

在喷油结束之后，多余的燃油通过溢流阀流回燃油泵进油道。

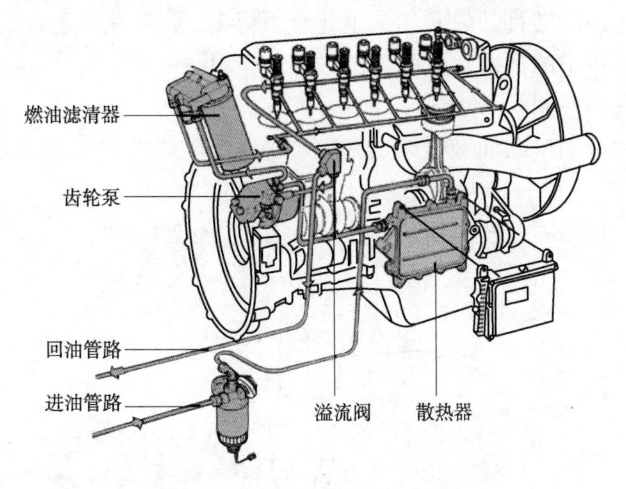


图 2-1-2　商用汽车 UIS 燃油系统

2）商用车泵喷嘴结构

商用车泵喷嘴如图 2-1-3 所示，按照功能可分为三部分：

（1）油泵部分。油泵部分由柱塞偶件、泵体挺柱体和柱塞弹簧组成。柱塞由发动机顶置凸轮轴通过摇臂驱动，柱塞的往复运动实现进油和给燃油加压。

（2）喷油器部分。喷油器由喷油器支座、针阀体、针阀、针阀弹簧、隔块、升程块组成。喷油器结构与标准的双弹簧喷油器相同。

（3）高压电磁阀。高压电磁阀由定子、电枢和控制阀组成。

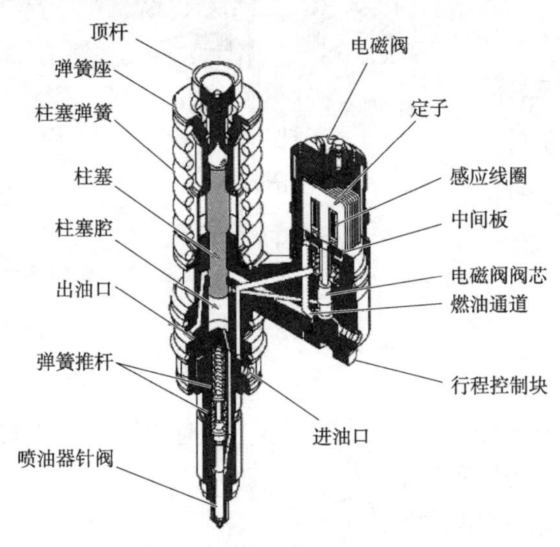


图 2-1-3　泵喷嘴结构

依据控制阀是开启还是关闭，由燃油泵通过进油口进入泵喷嘴内部的燃油既可以流向高压侧油道,也可以流向低压侧油道。电控单元通过控制高压电磁阀,实现每缸喷油起始时刻和喷油终了时刻的控制。

3)商用车泵喷嘴工作过程

(1)吸油过程。

①当顶置凸轮轴旋转且凸轮开始从上止点下降时,泵喷嘴一侧的摇臂上升。

②压配到挺柱体中的柱塞在泵弹簧的作用下上升。

③高压电磁阀的控制阀开启。

④通过泵喷嘴进油口燃油被吸入,然后流过高压电磁阀进入柱塞腔(多余燃油回到进油口)。

⑤吸油过程一直持续到柱塞到达上止点位置,如图 2-1-4 所示。

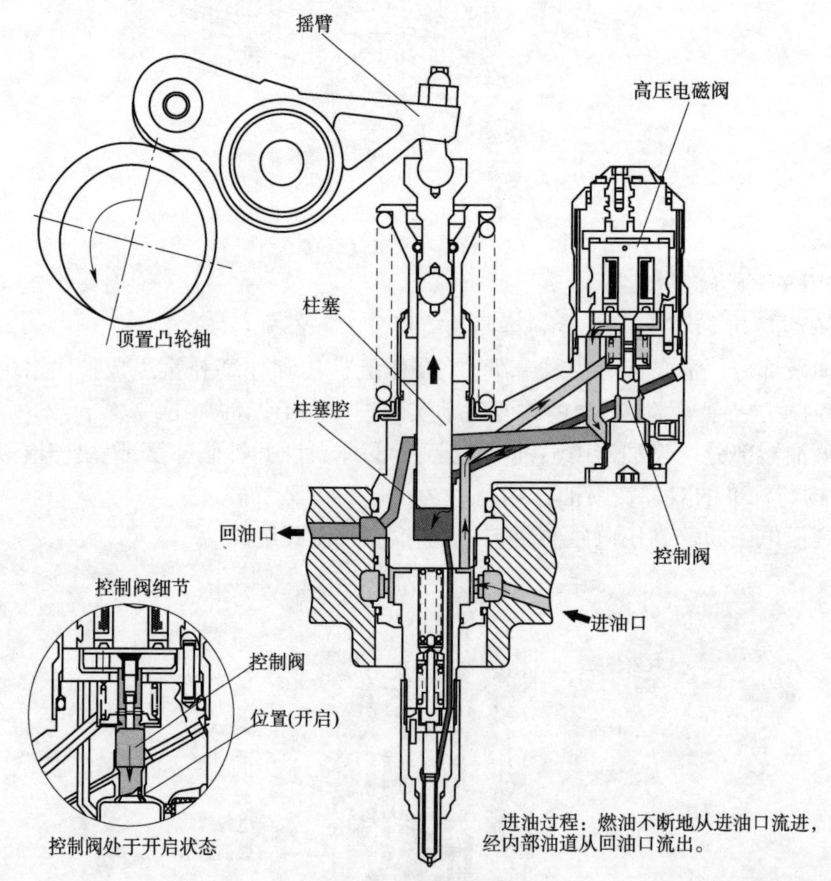


图 2-1-4　泵喷嘴吸油过程

(2)预行程。

①当顶置凸轮轴旋转且凸轮开始从下止点上升时,泵喷嘴一侧的摇臂下降。

②压配到挺柱体中的柱塞下降。

③高压电磁阀的控制阀保持开启。

④已经流进柱塞腔的燃油流回高压电磁阀,再流向泵喷嘴的回油口。

⑤回油过程一直持续到高压电磁阀的控制阀关闭,如图 2-1-5 所示。

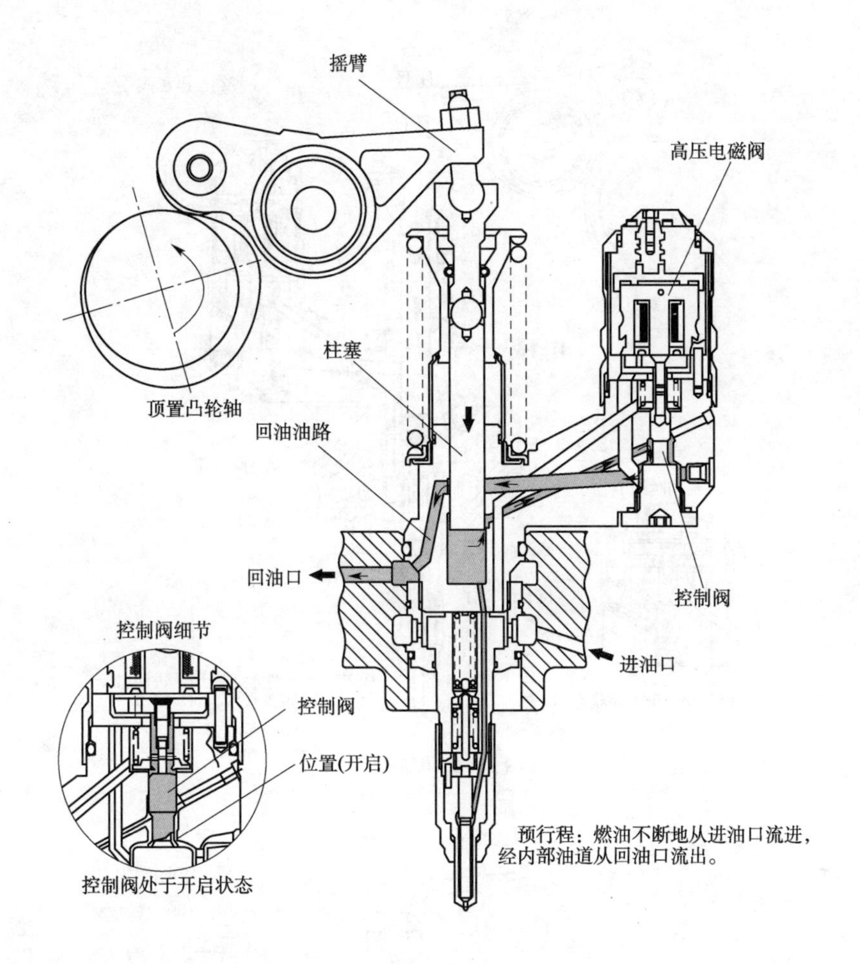


图 2-1-5　预行程

(3)喷油过程。

①当顶置凸轮轴旋转且凸轮上升时,泵喷嘴一侧的摇臂下降。

②压配到挺柱体中的柱塞下降。

③高压电磁阀的控制阀关闭。

④柱塞腔中的燃油被压缩成高压并通过喷油器喷入到发动机汽缸中。

⑤喷油过程一直持续到高压电磁阀的控制阀开启,如图 2-1-6 所示。

(4)喷油结束。

①高压电磁阀的控制阀开启。

②燃油流过高压电磁阀的控制阀,然后回油,从回油口流出。

③柱塞腔中的燃油压力突然下降,低于针阀的开启压力,喷油器向汽缸内喷油过程结束。

④当顶置凸轮旋转,凸轮接近上止点位置时,摇臂下降变缓。

⑤压配到挺柱体中的柱塞缓慢下降,如图 2-1-7 所示。

在泵喷嘴整个工作过程中,电磁阀所处的位置如图 2-1-8 所示。

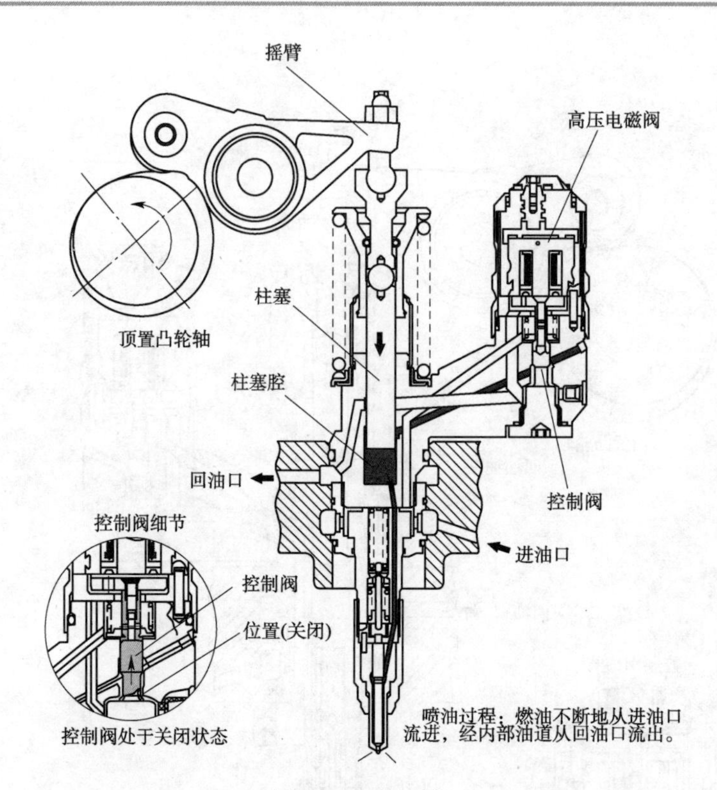


图 2-1-6　喷油过程

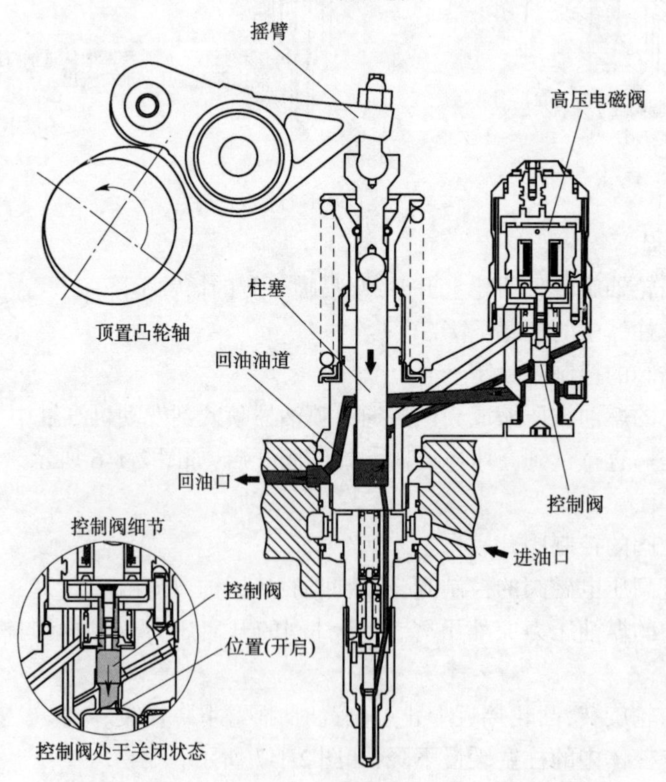


图 2-1-7　喷射结束

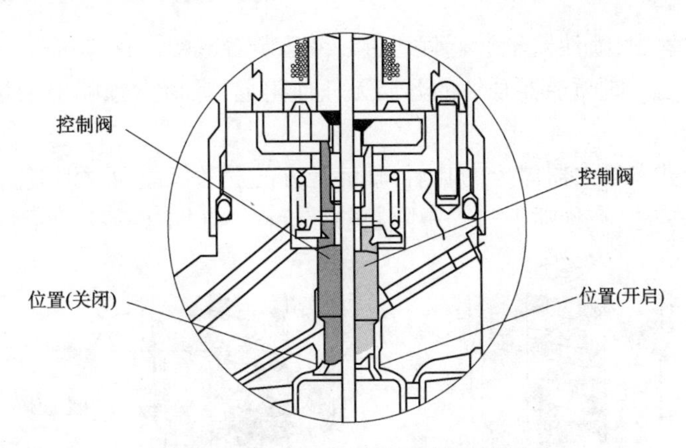


图 2-1-8　工作过程中控制阀所处的位置

2. 轿车泵喷嘴系统

轿车泵喷嘴系统的结构与商用汽车的泵喷嘴结构相似，不同之处为电磁阀水平放置，整个泵喷嘴以 20°的倾斜角用一个压板压紧在发动机汽缸盖上，如图 2-1-9 所示。

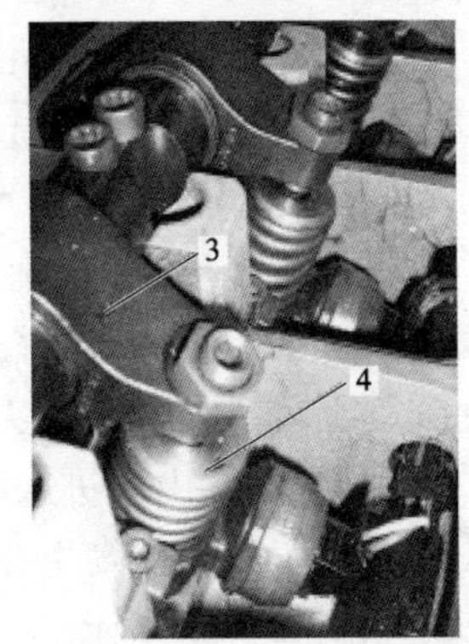


图 2-1-9　轿车泵喷嘴位置

1-驱动气门凸轮；2-驱动泵喷嘴传动摇臂的凸轮；3-驱动泵喷嘴的摇臂总成；4-泵喷嘴

另外，在喷油器压力弹簧上部设置了液压缓冲机构，与商用汽车泵喷嘴工作过程有所区别，具体工作过程如下：

(1)吸油过程。在进油过程中，在柱塞复位弹簧的作用下柱塞上行，高压腔的容积增大。系统中的高压电磁阀此时未动作，电磁阀处于未工作位置，供油管路至高压腔的通路是连通的，在进油管路中的油压作用下燃油流进高压腔。

(2)预喷射。喷射凸轮通过摇臂使油泵柱塞下行，使得燃油由高压腔挤回到供油管路。通过发动机控制单元控制供油开始，系统中的高压电磁阀动作，电磁阀切断了供油管路至高压油腔的通路。这样高压腔建立起一定的压力，在 18MPa 时，压力超过喷油器弹簧的压力，针阀升起预喷射开始，如图 2-1-10 所示。

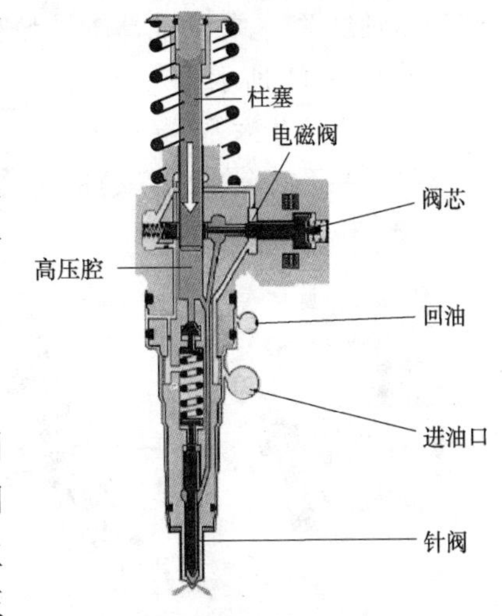


图 2-1-10　轿车泵喷嘴预喷射过程

在预喷射过程中,喷油器轴针行程通过一液压装置减幅。这样可有一个准确喷油量。在全行程前三分之一时喷油器轴针的开启无任何阻尼,在该点预喷射油量喷射到燃烧室内部。

当阻尼活塞进入喷油器体上的孔后,轴针上方的燃油仅能通过泄流间隙进入弹簧腔。这将产生一液压缓冲,在预喷射过程中限制轴针行程。如图 2-1-11 所示。

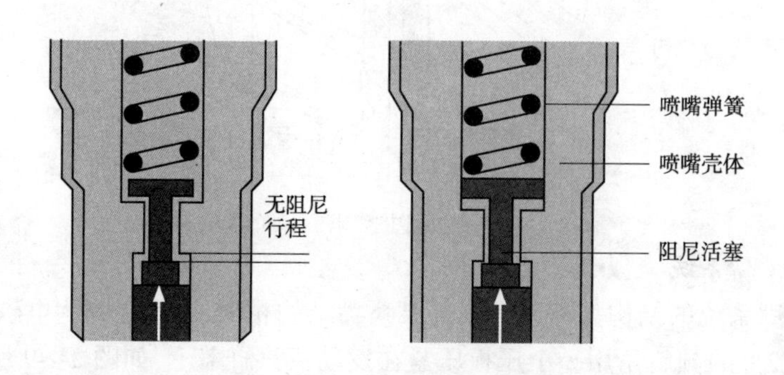


图 2-1-11　阻尼活塞的作用

柱塞继续下行,升高的压力引起喷嘴弹簧上方的收缩活塞下行,这样使得高压腔的容积加大,在此瞬间压力降低使轴针关闭,预喷射结束。由于收缩活塞向下运动使得弹簧的预紧力加大,这样使得接下来的主喷射轴针的开启压力远大于预喷射的开启压力。

(3)主喷射。当轴针关闭以后,高压腔的压力再次升高,泵喷油器的电磁阀保持关闭,油泵柱塞继续下行。在燃油压力大约 30MPa 时燃油压力超过轴针弹簧的预紧力,轴针再次开启主喷射开始。由于进入高压腔的燃油远超过从喷射孔喷出燃油的压力,可以达到 205MPa。最高压力往往发生在发动最大负荷工况,例如发动机在处于很高转速时供给较多喷油量,如图 2-1-11 所示。

(4)喷射结束。当发动机控制单元断开 UIS 电磁阀时喷射过程结束。这使得电磁阀弹簧开启电磁阀针阀,通过油泵柱塞的运动时的燃油能回到进油管道,高压腔压力降低,喷油器轴针关闭,在喷油器轴针弹簧的作用下,阻尼活塞被压回到原来的位置,主喷射结束,如图 2-1-11 所示。

3. 电喷单体泵系统(UPS)

单体泵系统(图 2-1-12)的工作方式与泵喷油器基本相同。它是一种模块式结构的高压喷射系统。与泵喷油器系统不同的是,电喷单体泵的喷油器和油泵用一根较短的喷射油管连接。单体泵系统中每个汽缸都设置一个单柱塞喷油泵。这个单柱塞泵由发动机的凸轮轴驱动。通过一根精确地与喷油泵组件相匹配的、短的高压油管接通到喷油器总成。喷油始点和喷油持续时间(喷油量)通过电子闭环控制,使柴油发动机的有害物质排放明显降低。同时,又有快速响应的电子控制电磁

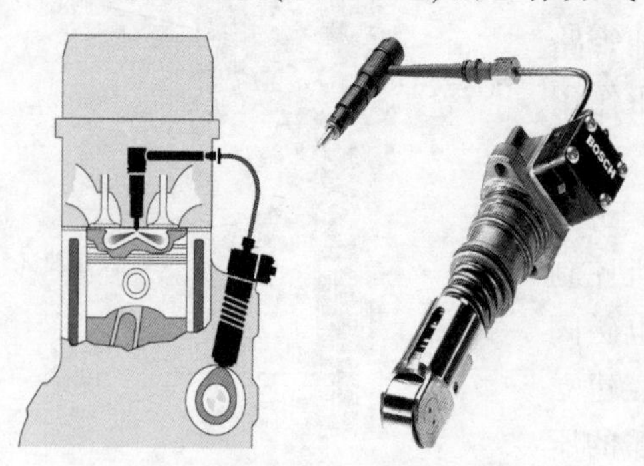

图 2-1-12　单体泵系统

阀,每个单独喷射过程有各自的特性,也就是供油速率曲线可以被精确地确定下来。

(1)燃油管路系统。燃油管路系统由燃油箱、齿轮泵、燃油滤清器、溢流阀和它们之间的连接油管组成,如图2-1-13所示。

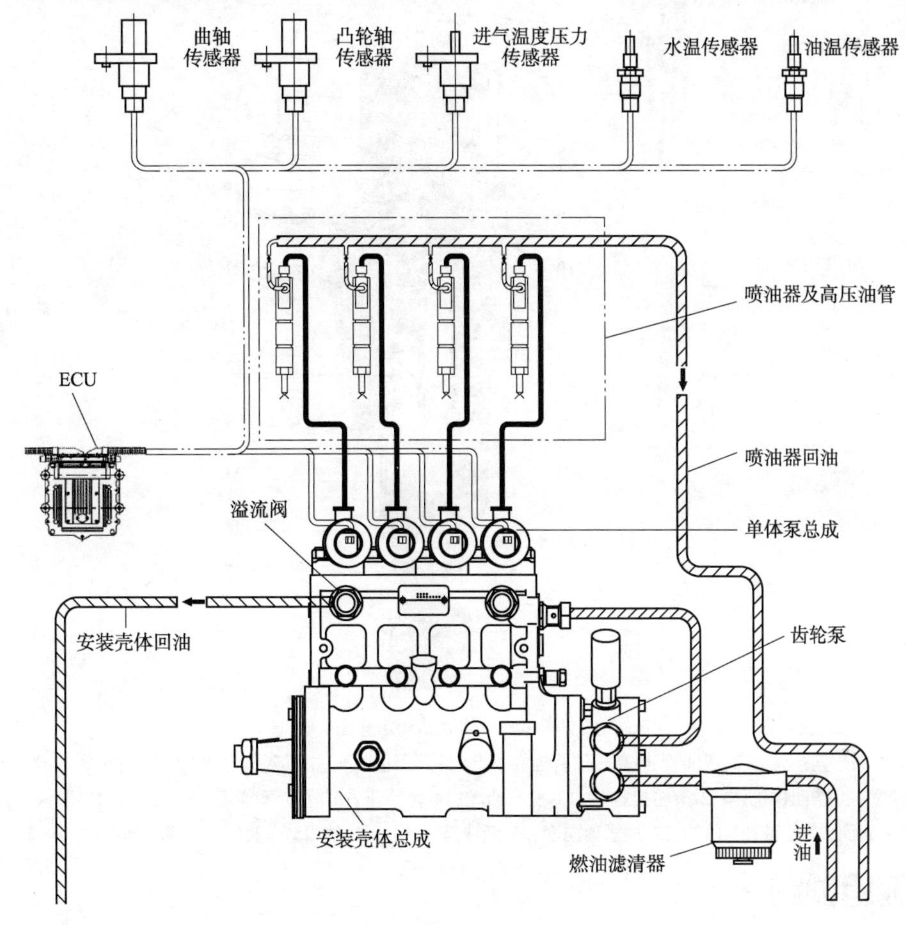


图2-1-13 单体泵燃油管路

(2)单体泵结构,如图2-1-14所示。

(3)单体泵结构工作过程。

①充油过程。此时ECU的输出部分未给电磁阀通电,电磁阀处于开启状态,柱塞腔通过单体泵内部的油道与发动机机体内部油道连通,柱塞腔内部燃油的压力等于输油泵的供油压力。

②压油和喷射过程。当有燃油喷射需求时,控制单元的输出部分在柱塞向上运动的行程中给电磁阀通电,在有电流流经电磁阀线圈时,阀保持关闭,燃油被持续输送到喷油嘴。当电磁阀关闭时,流经电磁阀的保持电流可以小于触发电流,这是因为枢轴盘与电阀的距离同样很小。这样,功率减小由电流引起的发热控制在最低程度。

③供油结束。为了结束燃油喷射,控制单元切断电磁线圈的电源供给,阀的弹簧使得控制柱塞回到开启位置,由油泵柱塞继续供给的燃油流经控制阀到回油口。这样,高压油管内的压力降低到进油口的压力。

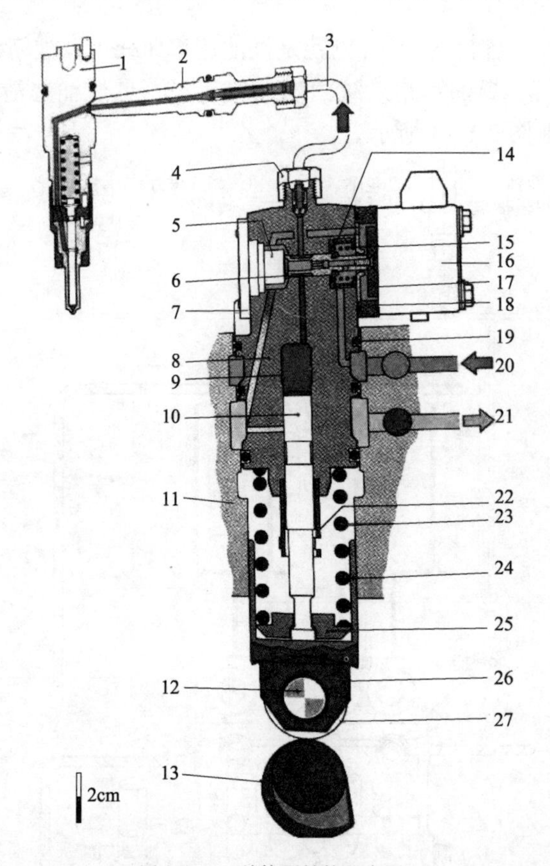


图 2-1-14　单体泵结构示意图

1-喷油器;2-高压连接管;3-高压油管;4-高压油管连接螺母;5-行程止位块;6-电磁阀阀芯;7-盖板;8-泵体;9-高压腔;10-泵油柱塞;11-柴油机机体;12-滚轮挺柱销;13-喷油凸轮;14-弹簧座;15-电磁阀弹簧;16-电磁阀;17-衔铁板;18-中间板;19-密封圈;20-进油;21-回油;22-柱塞导向套;23-挺柱弹簧;24-挺柱体;25-弹簧座;26-滚轮挺柱;27-滚轮

## 任务实施

1. 分析

维修站判断由泵喷嘴原因引起车辆的动力不足,在检测时需要解体查看泵喷嘴喷油器针阀和电磁阀阀芯是否磨损。

2. 工具装备

通用工具一套、泵喷嘴和单体泵、活动扳手。

3. 实施方法

(1)外观查看。首先对泵喷嘴的外观进行检查,如图 2-1-15 所示。

观察图中标识出的部位,下列情况都会对发动机的性能造成影响。

①喷油器嘴头烧蚀、变形、断裂等。

②密封圈变形、断裂。

③柱塞弹簧变形、断裂。

④顶杆磨损严重、顶杆内部钢球磨损严重。

⑤电磁阀变形,裂缝。

(2)泵喷嘴压帽部分解体。将泵喷嘴夹装在台钳上,首先拆下喷油器嘴头压帽,依次取出嘴头、中间垫块、压力销、中间座,如图 2-1-16 所示,注意其拆装顺序。从嘴头中取出针阀体,若磨损严重,则需要更换。

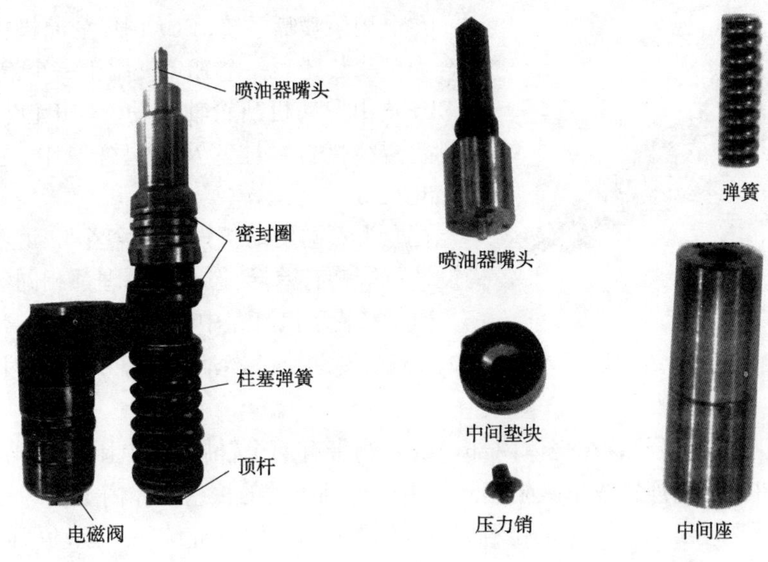


图 2-1-15　泵喷嘴实物图　　　　图 2-1-16　泵喷嘴压帽部分

(3)泵喷嘴电磁阀部分解体。将泵喷嘴夹装在台钳上,使用工具松开电磁阀压帽,取下电磁阀。松开衔铁块螺钉,依次取出衔铁块、中间块、弹簧、弹簧座等内部配件。如图 2-1-17 所示。

(4)检查壳体。拿出电磁阀阀芯后,检查泵喷嘴壳体内部的锥形密封面,如出现磨损或缺口,则该泵喷嘴需要更换,如图 2-1-18 所示。

图 2-1-17　泵喷嘴电磁阀部分　　　　图 2-1-18　壳体磨损面位置

(5)装配。在确认壳体和电磁阀阀芯没有问题的情况下,更换嘴头,调整到规定压力,即可装配整支泵喷嘴。

## 知识拓展

其他厂家的泵喷嘴及单体泵

1)德尔福 E1 泵喷嘴

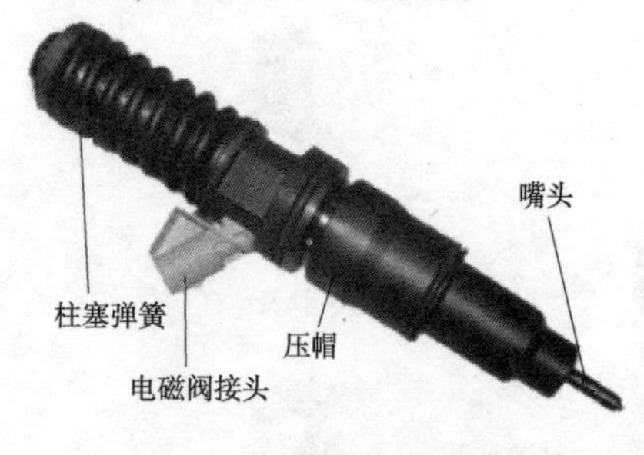


图 2-1-19 德尔福 E1 泵喷嘴

在电控泵喷嘴系统(EUI)中,泵油机构和喷油器整合为单一装置。一个 EUI 仅用于一个汽缸,并且每个 EUI 均由发动机凸轮轴驱动。EUI 包括四个子组件:嘴头及附属件、柱塞及柱塞弹簧组、电磁阀和壳体,如图 2-1-19 所示。

在专为不同发动机设计的各个单元之间实际结构设计可能略有差异,但工作原理都相同。

EUI 安装于汽缸盖中。在汽缸盖中,有用于燃油供给和回流的燃油通道。燃油在压力作用下从发动机的燃油通道流入并通过 EUI,最后流回通道。

E1 泵喷嘴的电磁阀装在壳体内部。电磁阀带有两个针脚,其电阻值为 4.9 ~ 5.1Ω。EUI 的泵油机构与直列式或单缸泵相同。由凸轮轴驱动的柱塞壳体内上下运动。当柱塞在凸轮轴向下运动到某个设定的位置时,电磁阀关闭。柱塞继续往下运动,加压燃油,克服嘴头弹簧作用,从而达到喷油的目的,如图 2-1-20 所示。

2)德尔福 E3 泵喷嘴

E3 泵喷嘴和其他 EUI 机型的主要区别在于它在壳体内部安装了两个电磁阀,分别为泄油控制阀(SCV)和喷嘴控制阀(NCV),这种结构可以对喷油过程进行更为严格地控制,还能实现喷油引导、加速和分流等更灵活的喷油功能。E3 泵喷嘴的电磁阀有四根针脚,分别用来控制 SCV 阀和 NCV 阀,如图 2-1-21 所示。

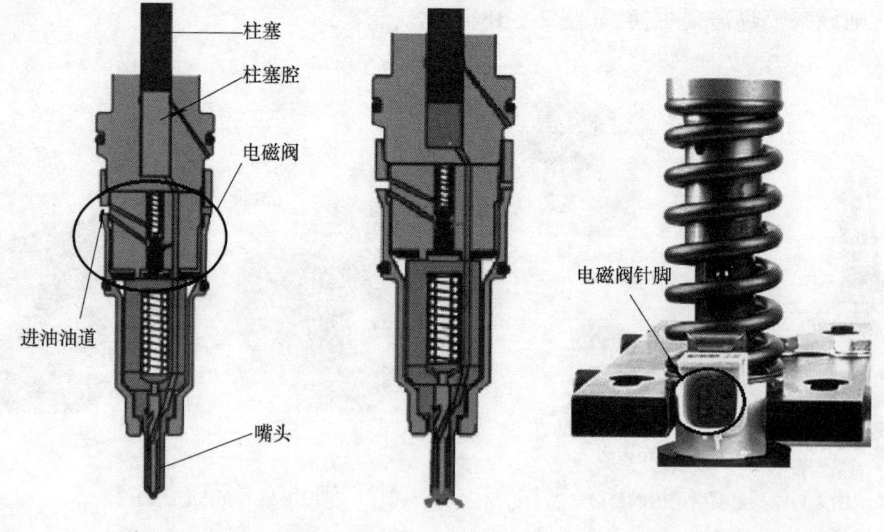


图 2-1-20 E1 泵喷嘴工作图

图 2-1-21 电磁阀针脚

电磁阀结构如图 2-1-22 所示。

柱塞在弹簧力的作用下,向上运动,SCV 和 NCV 电磁线圈同时不通电,泵喷嘴开始进油。燃油通过供油口进油,灌注到内部通道和泵孔。然后,旋转凸轮轴推动柱塞向下运动。如果未对任一控制阀电磁线圈提供电流,燃油将仅会流回供油通道,循环将重复,如图 2-1-23 所示。

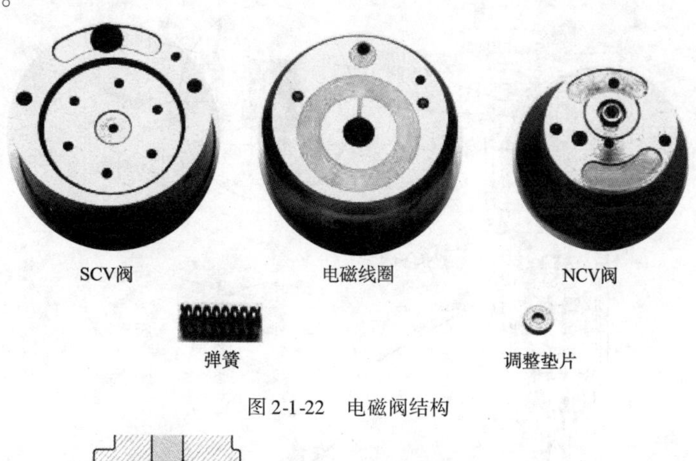


图 2-1-22　电磁阀结构

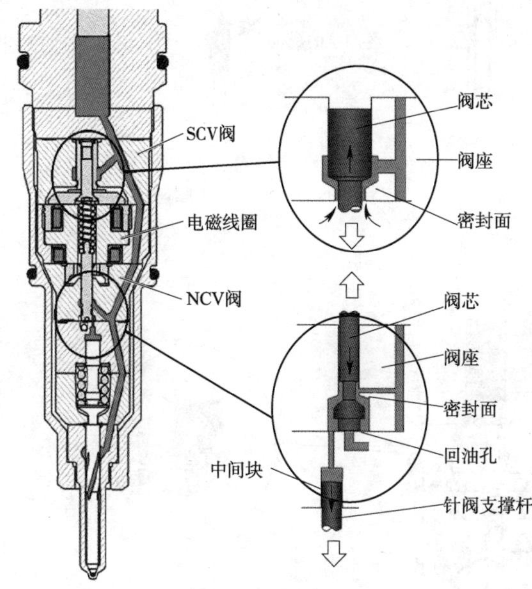


图 2-1-23　E3 泵喷嘴进油过程

在正常工作过程中,柱塞向下运动到某一个设定点时,给 SCV 电磁线圈通电。电磁线圈工作后,产生电磁力使得阀芯克服弹簧力作用,将阀关闭。一旦关闭,燃油将无法从喷油器流回供油通道,同时柱塞对燃油的压缩会产生快速累积的极高压力。然而,由于这一增高的压力同时会被施加到喷嘴针和喷嘴针支撑活塞的顶部(这比喷嘴肩部上的锥形体面积更大),所以喷嘴还是保持关闭,如图 2-1-24 所示。

当压力上升到设定数值的时候,ECU 向 NCV 阀电磁线圈提供电流,阀门打开,从喷嘴针支撑活塞背面释放压力。随着压力从针阀支撑杆背面释放,内部压力快速克服机械(弹簧)力,一旦喷油嘴阀脱离阀座,燃油便会在压力作用下通过喷油孔进入燃烧室,并发生燃烧,如图 2-1-25 所示。

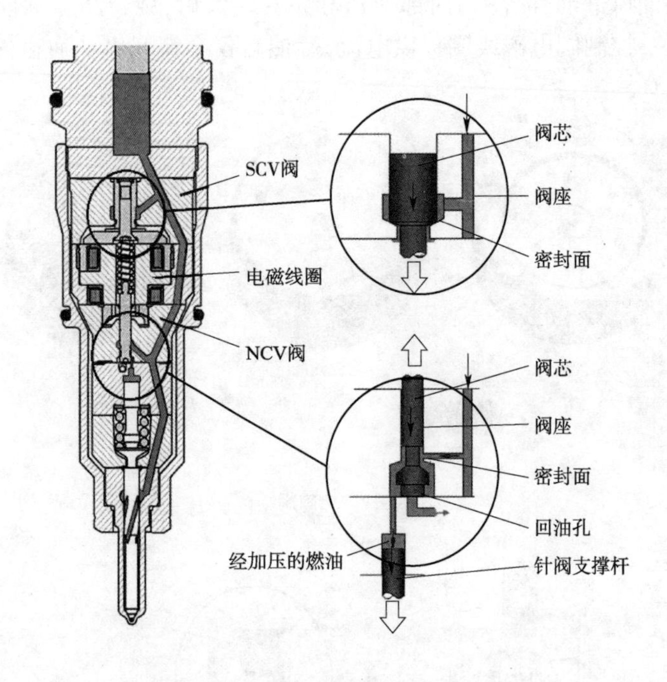


图 2-1-24　SCV 阀关闭

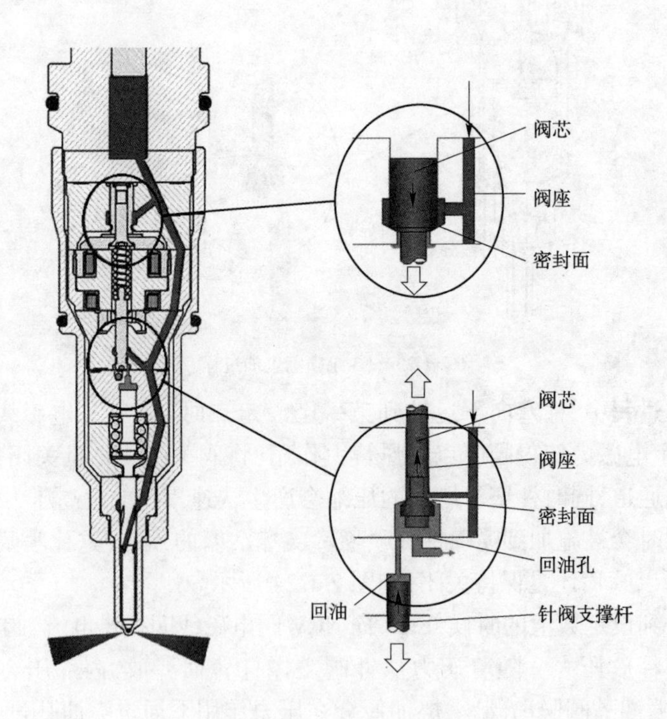


图 2-1-25　NCV 阀开启

3)德尔福单体泵

其结构如图 2-1-26 所示。

工作过程如图 2-1-27 所示。

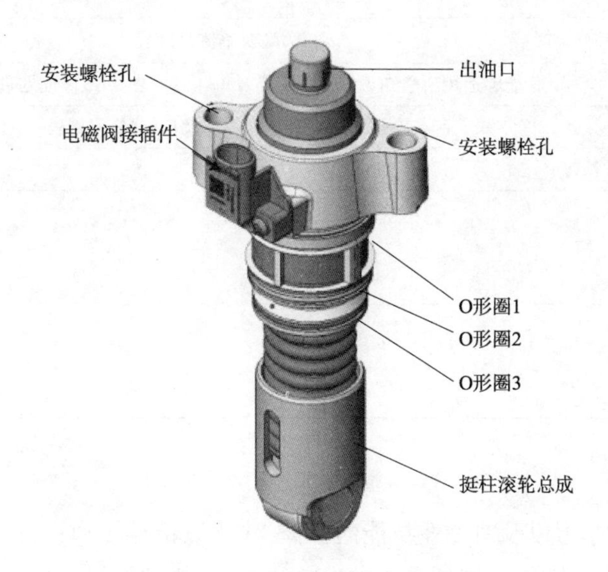


图 2-1-26 德尔福单体泵结构

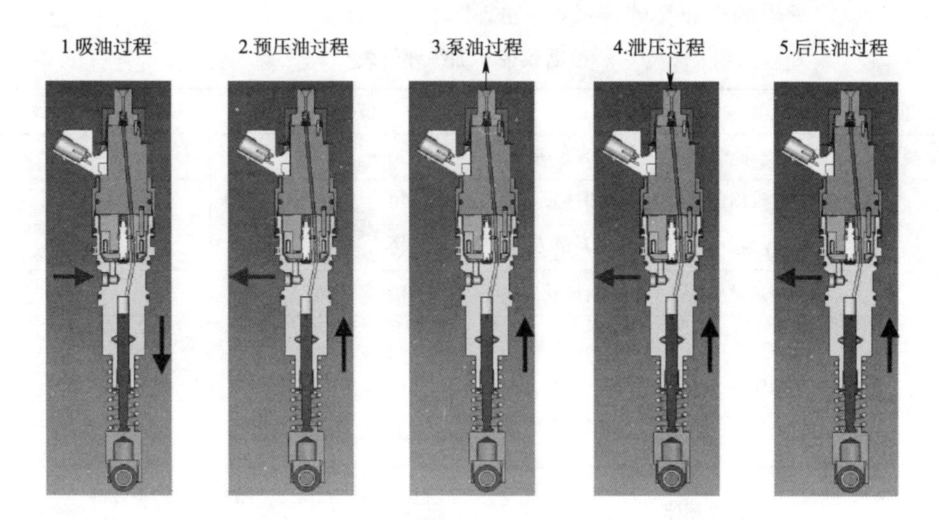


图 2-1-27 德尔福单体泵工作过程

4)其他厂家泵喷嘴系统

目前国内的一些厂家也有自己的泵喷嘴系统,如成都威特、南岳衡阳等,其结构与原理基本与博世一致。

## 任务训练

学生按照实施过程进行分组训练,训练过程中注意检测步骤、小组协作,完成任务工单,如表 2-1-1 所示。

泵喷嘴及单体泵拆装训练任务工单 表 2-1-1

| 姓名 | | 学号 | | 班级 | | 组别及成员 |
|---|---|---|---|---|---|---|
| 场地 | | 时间 | | 成绩 | | |
| 任务名称 | 泵喷嘴及单体泵拆装 | | | | | |
| 任务目的 | 能够运用所学知识完成泵喷嘴及单体泵拆装,对故障问题进行判别 | | | | | |
| 工具、设备准备 | 128 件套装工具、泵喷嘴及单体泵、万用表 | | | | | |
| 信息获取 | | | | | | |
| 任务实施 | | | | | | |
| 任务实施总结 | | | | | | |

## 任务评价

为促进学生的学习以及对专业技能的掌握,建立以指导教师评价、小组评价、学生自评为主导的实训评价体系,依据各方对学生的知识、技能和学习能力、学习态度等情况的综合评定,认定学生的专业技能课成绩,如表 2-1-2 所示。

诊断仪使用训练评价表 表 2-1-2

| 考核单元 | | 考核内容 | 分值 | 自评 | 组评 | 师评 |
|---|---|---|---|---|---|---|
| 行为规范 | | 课堂纪律、学习态度、学习兴趣等方面 | 20 | | | |
| 考核 | 技能考核 | 泵喷嘴及单体泵结构认知 | 20 | | | |
| | | 能够运用所学知识对泵喷嘴及单体泵拆装 | 40 | | | |
| | | 熟练判别泵喷嘴及单体泵所涉及的故障 | 10 | | | |
| | 理论考核 | 阐述泵喷嘴及单体泵工作原理 | 10 | | | |
| | 综合测评 | | □优秀 □良好 □合格 □不合格<br>教师签字: | | | |

## 任务训练

**1. 单项选择题**

(1)在泵喷嘴系统中,电控单元被(    )冷却。

A. 机油　　B. 冷却液　　C. 流过散热器的燃油　　D. 风扇

(2)泵喷嘴系统最佳的喷油量由(    )确定。

A. 柱塞行程　　B. 控制阀的关闭时间

C. 柱塞弹簧力大小　　　　D. 控制阀通电电压

**2. 多项选择题**

(1)在泵喷嘴系统中,(　　)形成一个整体单元。

A. 喷油泵　　　　B. 高压电磁阀

C. 喷油器　　　　D. 高压油管

(2)商用车泵喷嘴油泵部分由(　　)组成。

A. 柱塞偶件　　　　B. 泵体

C. 挺柱体　　　　D. 柱塞弹簧

(3)高压电磁阀由(　　)组成。

A. 定子　　　　B. 电枢

C. 控制阀　　　　D. 柱塞

(4)商用车泵喷嘴系统中,泵喷嘴的工作过程为(　　)。

A. 吸油过程　　　　B. 预喷射

C. 喷射过程　　　　D. 喷射结束

**3. 判断题**

(1)商用车泵喷嘴和轿车泵喷嘴结构是一样的。　(　　)

(2)在泵喷嘴系统中,喷油泵、高压电磁阀和喷油器形成一个整体单元。　(　　)

(3)泵喷嘴直接通过摇臂或间接地由发动机凸轮轴通过推杆来驱动。　(　　)

(4)电喷单体泵的喷油器和油泵用一根较短的喷射油管连接。　(　　)

(5)单体泵系统充油过程中,柱塞腔内部燃油的压力等于输油泵的供油压力。　(　　)

**4. 分析题**

(1)简单描述商用车泵喷嘴系统的工作过程。

(2)简单描述商用车泵喷嘴系统和单体泵系统的不同之处。

(3)试分析泵喷嘴电磁阀内部柱塞磨损会出现什么情况?

# 模块小结

本模块学习了典型的电控燃油系统检修,主要包括:轿车单体泵的基本结构和原理,商用车单体泵的基本结构和原理,泵喷嘴的基本结构和原理及可能故障原因分析等,最终达到能够熟练使用工具进行故障分析、排除的目的。

# 学习模块3　共轨燃油喷射系统的检修

## 模块概述

在高压共轨式燃油喷射系统中，压力的产生与燃油喷射过程分开，如图3-0-1所示。喷油压力不再受发动机转速和喷油量的影响，喷油压力“积蓄”在“共轨”(蓄压器)中，时刻准备着喷油。喷油起始时刻和喷油量由电子控制单元中给出控制信号，再由通过电磁阀控制喷油器(喷油单元)来实施在每一个汽缸中的喷油过程。

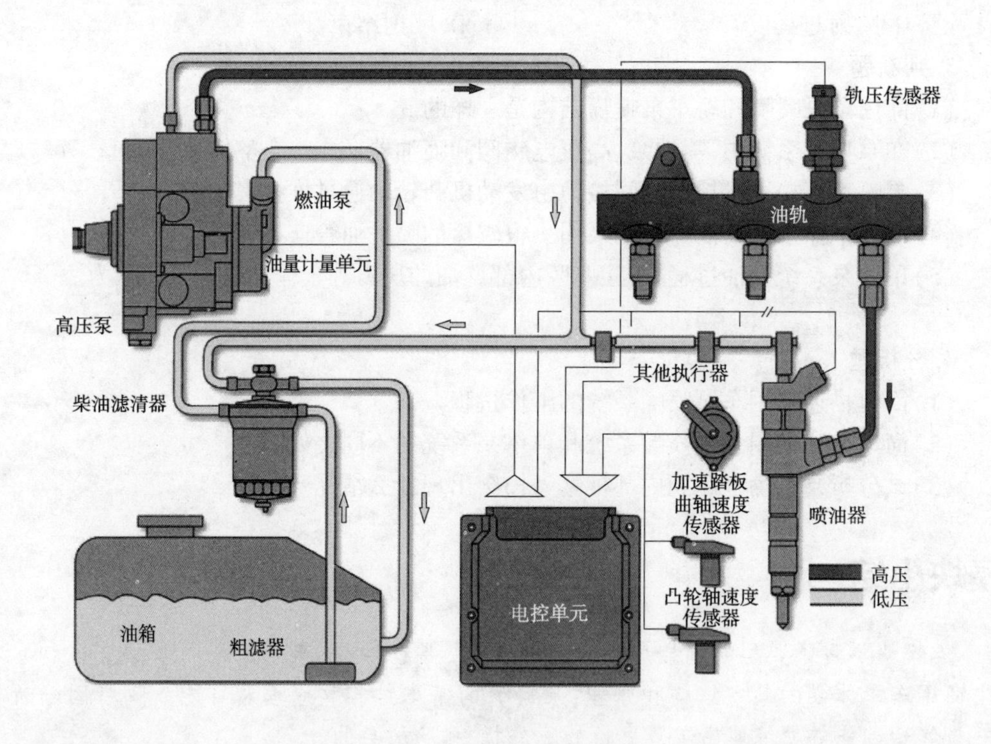


图3-0-1　共轨燃油喷射系统示意图

在我国，柴油机目前主要匹配德国BOSCH、日本DENSO、美国DELPHI和我国无锡油泵喷油器研究所生产的共轨燃油喷射系统，由于各家共轨系统的工作原理基本相似，本模块以德国BOSCH的共轨燃油喷射系统为例来介绍。

【建议学时】

64课时。

# 学习任务3.1　乘用车共轨系统的检修

## 任务目标

(1)掌握乘用车共轨泵的结构和工作原理。

(2)掌握乘用车共轨泵的拆装方法和简单故障判别方法。

(3)掌握试验台安装及检测乘用车共轨泵的操作过程。

(4)掌握 CRI 共轨喷油器的结构和工作原理。

(5)掌握 CRI 共轨喷油器的拆装方法和简单故障判别方法。

(6)掌握试验台安装及检测 CRI 共轨喷油器的操作过程。

客户有一辆载货汽车,出现无法起动的情况。经过电脑初步检查后,发现该车燃油系统没有高压压力,首先检查线路,没有发现问题,然后怀疑为燃油系统有问题。须对其进行检查。

1. 高压共轨泵部分

1)CP1S 型共轨泵

(1)低压部分。由于 CP1S 型高压泵自身不配有输油泵,因此进油压力由车上电动输油泵来保证。电动输油泵有两种安装方式:安装在管路中和安装在燃油箱内。从发动机起动过程开始,电动输油泵就持续不断地运转,并且与发动机转速无关,它将燃油连续地从燃油箱经过燃油滤清器输往喷油装置。

(2)高压泵结构。CP1S 高压泵包含三个沿油泵圆周呈 120°均匀布置的油泵元件,每一个油泵元件包含柱塞、柱塞套、柱塞弹簧、弹簧座、进出油阀等,柱塞套通过进出油阀总成座压装在每一个泵盖和泵壳之间,弹簧下座支撑在驱动轴偏心轮上的驱动环上,柱塞弹簧始终使得柱塞抵靠在驱动环上,在喷油泵进油口具有安全阀,在不工作时,安全阀关闭油泵的进油通道,如图 3-1-1 所示。

(3)高压泵工作过程。喷油泵工作时供油泵将燃油从油箱泵出,经过带有油水分离装置的燃油滤清器到达高压泵的进油口。再经安全阀的节流孔进入高压泵的润滑和冷却回路。凸轮轴使三个泵的柱塞按照凸轮的外形上下运动。

当供油油压超过安全阀的开启压力(0.05 ~0.15MPa),高压泵的柱塞正向下运动时(吸油行程),燃油经高压泵进油阀进入柱塞腔。在高压泵柱塞越过下止点后,进油阀关闭。这样,柱塞腔内的燃油被密封,并随着柱塞的上行不断被压缩,油压升高,当油压达到共轨的油压时出油阀被顶开,燃油就进入了高压管路。柱塞继续供给燃油,直至到达上止点(供油行程结束)。上止点后,压力减小,导致出油阀关闭,柱塞向下运动 ,柱塞腔内的燃油压力开始下降。只要柱塞腔内的压力降至低于供油泵的供油压力时,进油阀开启,又开始了吸油过程，如此循环。

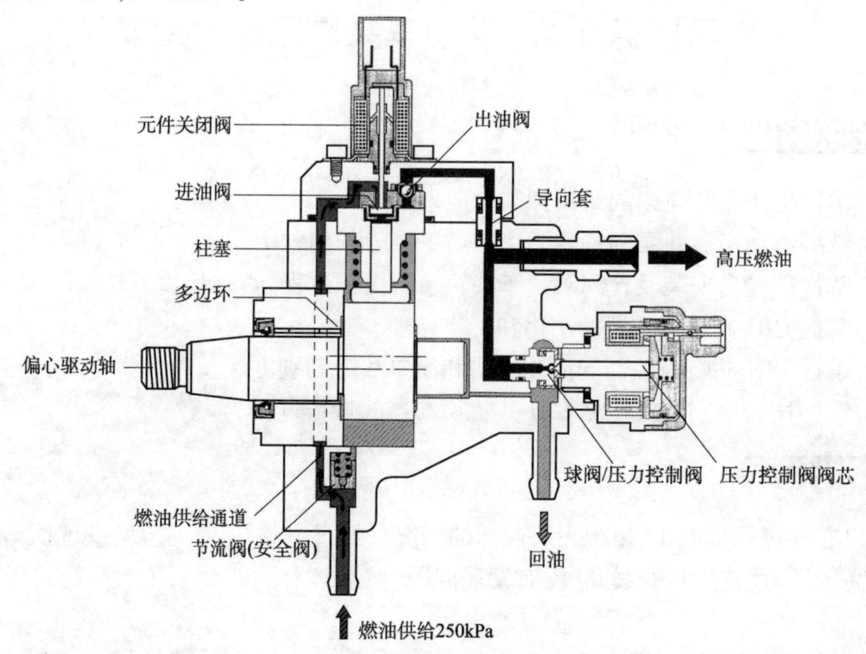


图 3-1-1　CP1S 型高压泵

（4）高压泵电气元件。

①元件关闭阀：CP1S 高压泵是为大供油量而设计的，在怠速和部分载荷的工况下过量高压燃油经压力控制阀流回油箱。这部分燃油在整个循环过程中没有被利用，而且在加压的过程中还消耗了能量，导致发动机的整体效率也下降了。从某种程度上讲，这种效率损失可以由关闭一个泵油部件来补偿。因此通过一个元件关闭阀来完成。关闭一个泵油部件，使某一个进油阀保持常开，这样进入共轨的燃油量就会下降，如图 3-1-2 所示。

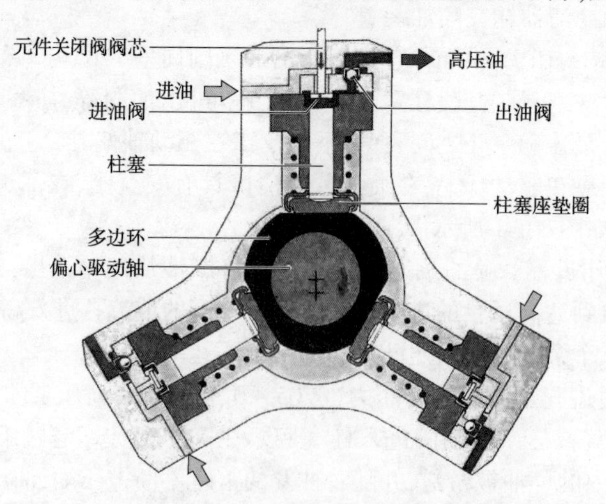


图 3-1-2　CP1S 型共轨泵剖面图

当电磁阀被触发时，电磁阀阀芯可以持续打开进油阀。在压油行程时，部件腔内没有压力产生，燃油又流回低压管道，该泵油部件即停止工作。当需要较小动力时，一个泵油元件被断开,高压泵不是连续而是间歇地供给燃油。

②压力控制阀:在压力控制阀(图 3-1-3)未通电时,来自于共轨或者高压泵出口的高压作用于压力控制阀上。由于未通电的电磁铁不产生作用力,高压燃油压力超过弹簧弹力导致控制阀打开,打开状态由供油量决定,调整弹簧的弹力决定共轨压力。

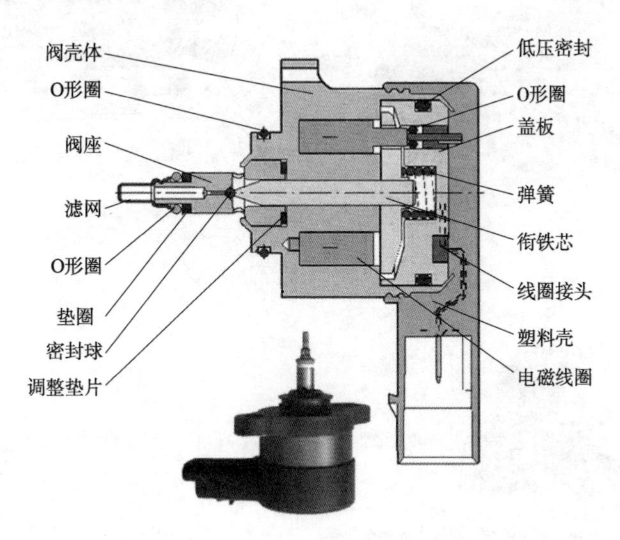


图 3-1-3 压力控制阀(DRV1)

压力控制阀通电,电磁铁产生的力与弹簧力方向一致,就可以增大高压回路中的压力。压力控制阀被触发并关闭,直到共轨的压力与弹簧弹力和电磁铁的合力平衡。控制阀保持部分开启,并维持一定的燃油压力。当泵的供油量的改变或由于喷油器喷油引起共轨油量的降低,从而引起共轨压力的变化时,可以由阀的不同开度设置来补偿的。电磁铁产生的力是与控制喷油脉宽的激励电流的大小成比例的。1kHz 的脉冲频率足够用来防止由电磁铁芯运动或其他原因引起的共轨压力波动。

2)CP1H 型高压油泵

(1)低压部分。CP1H 型高压油泵的低压压力主要通过齿轮泵 ZP26 来实现。齿轮泵主要由驱动齿轮、从动齿轮、泵体和连接块组成。齿轮泵通过驱动齿轮带动从动齿轮转动,在进油口和出油口处造成压力差,将燃油吸入齿轮泵内,对高压泵腔进行供油,如图 3-1-4所示。

(2)高压部分。CP1H 高压油泵其泵壳部分与 CP1S 泵相似,不同之处在于将泵盖和柱塞套加工成一体,进出油阀安装在泵盖内的座孔中,如图 3-1-5、图 3-1-6 所示。

(3)工作过程。其压力控制部分如图 3-1-7 所示。当柱塞向下移动时,吸油阀打开,高压阀关闭,燃油进入柱塞腔内。柱塞向上移动,吸油阀关闭,高压阀打开,柱塞压缩燃油,通过高压油管进入共轨管内。

(4)计量元件。CP1H 高压泵计量元件在不通电时为常闭状态,结构如图 3-1-8 所示。

(5)阶跃回油阀。该阀与进油计量比例阀油路并联在一起,能使进油计量比例阀入口处的燃油压力保持恒定——这是保证系统能正常运行的先决条件。同时,在正常工作时通过它增大进入高压泵的润滑和冷却油量,如图 3-1-9 所示。

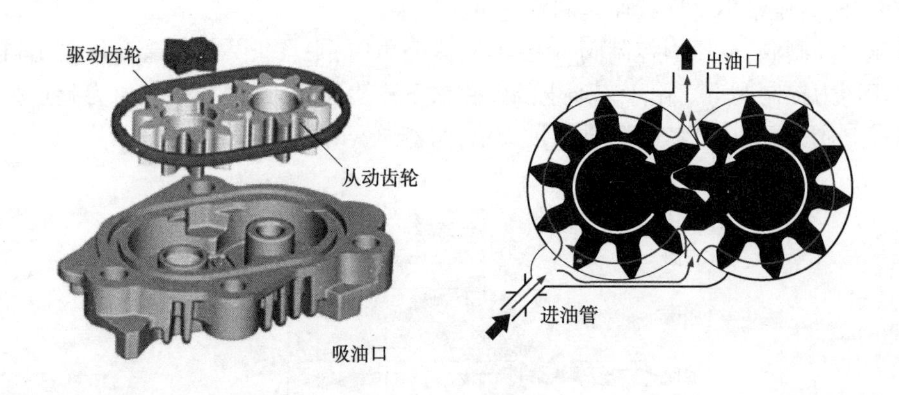


图 3-1-4　齿轮泵结构

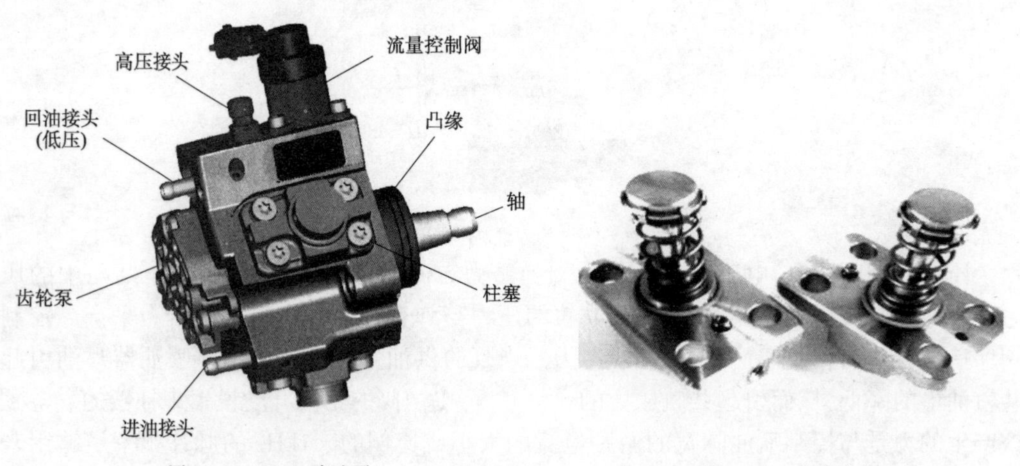


图 3-1-5　CP1H 喷油泵

图 3-1-6　柱塞实物

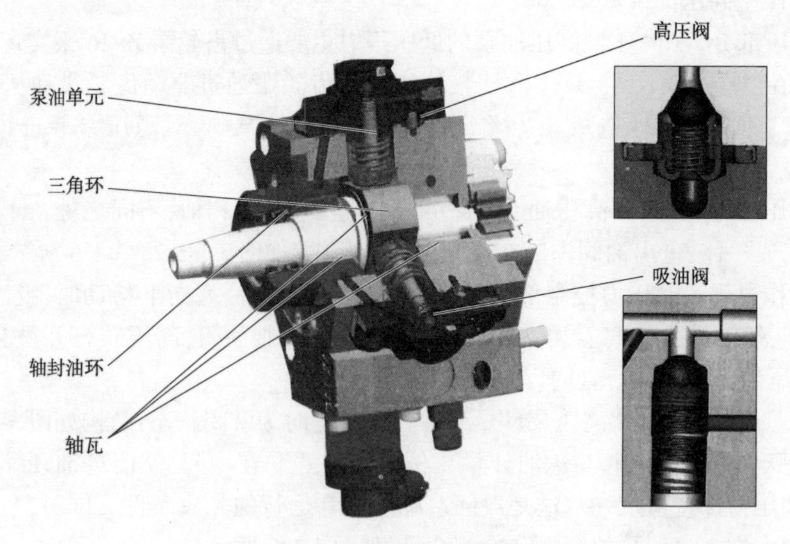


图 3-1-7　CP1H 泵内部结构

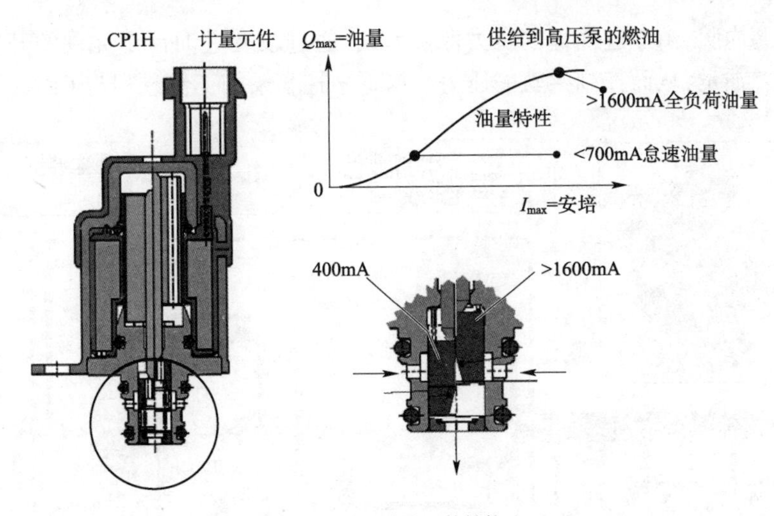


图 3-1-8　计量元件结构

3）CP3 型高压油泵

（1）结构。CP3 系列高压燃油泵不仅可用于轿车，而且也能用于载货车。在结构上与 CP1 相似，如图 3-1-10 所示。不同之处在于：CP3 喷油泵壳体为整体结构，取消了泵盖，喷油泵的柱塞套直接加工在喷油泵壳体上，进出油阀直接安装在喷油泵壳体的座孔中，这样有助于提高系统的最高压力，CP3 燃油系统的压力达到 180MPa。

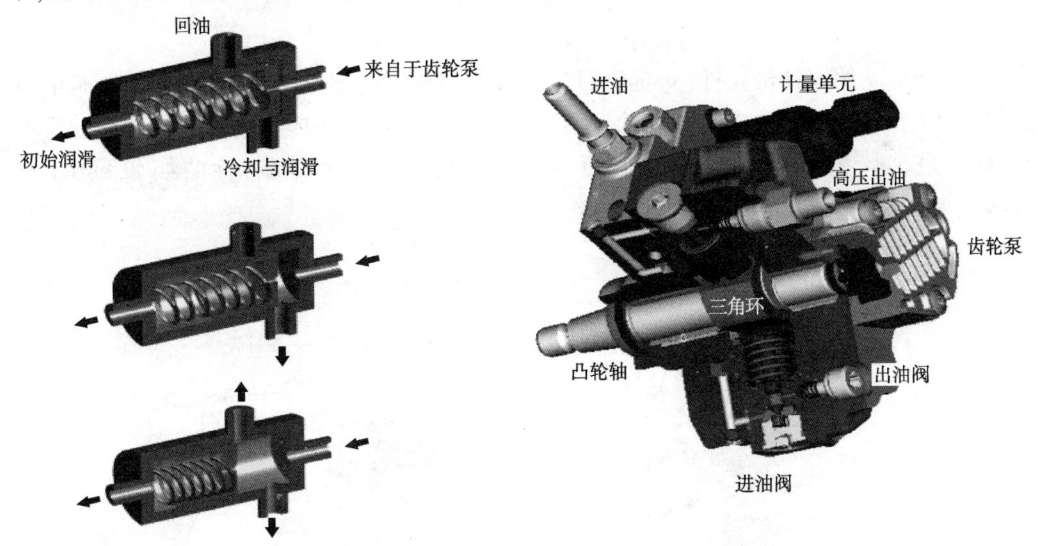


图 3-1-9　阶跃回油阀工作过程

图 3-1-10　CP3 高压泵结构

（2）工作过程。如图 3-1-11 所示，安装在高压油泵上的齿轮泵将燃油从油箱泵出，流经燃油滤清器并输送到高压油泵内部的进油道，在此处燃油分成两路，一路流到阶跃回油阀，一方面阶跃回油阀使得进油道的压力保持相对的恒定（大约 0.5MPa），为进油计量元件提供工作条件，另一方面通过阶跃回油阀燃油流进油泵驱动轴腔，对油泵运动零件进行润滑冷却，并有助于系统排空气，多余的燃油一起回到齿轮泵进油口，润滑冷却的燃油经过节流阀回到油箱；进油道的另一路燃油进入进油计量元件，然后经过进油计量元件和进油阀进入柱塞内腔，由于进油道的压力保持恒定，通过改变进油计量元件的开度，控制进入柱塞腔的燃油量，从而控制共轨的压力。接下来柱塞泵的工作过程与 CP1H 相同。

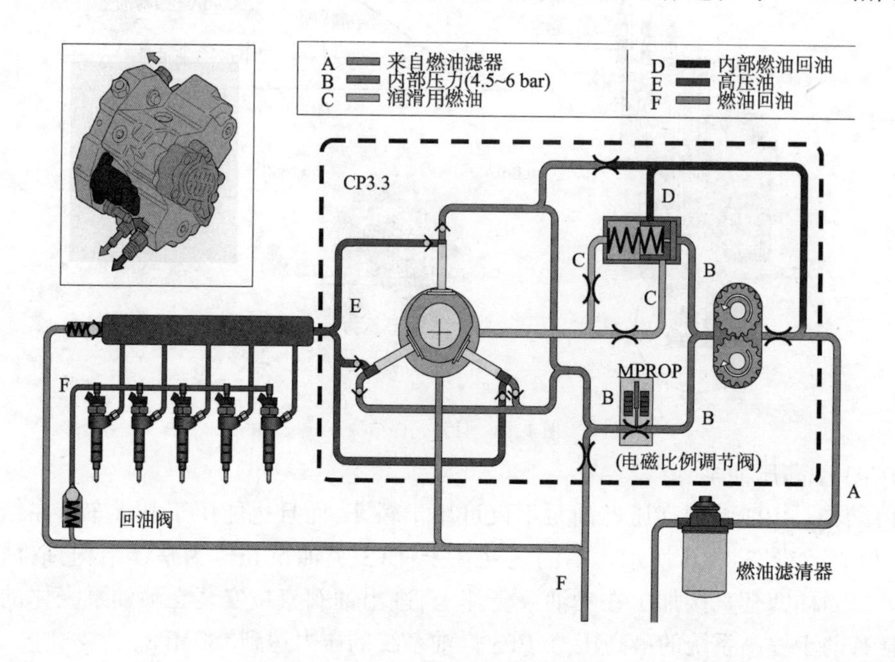


图 3-1-11　CP3 共轨系统燃油流动情况

(3)计量元件。计量元件(进油计量比例阀)：进油计量比例阀安装在高压油泵的进油位置，用于调整燃油供给量和燃油压力值，其调整主要受 ECU 控制。在控制线圈没有通电时，进油计量比例阀是导通的，可以提供最大流量的燃油，特性曲线如图 3-1-12 所示。

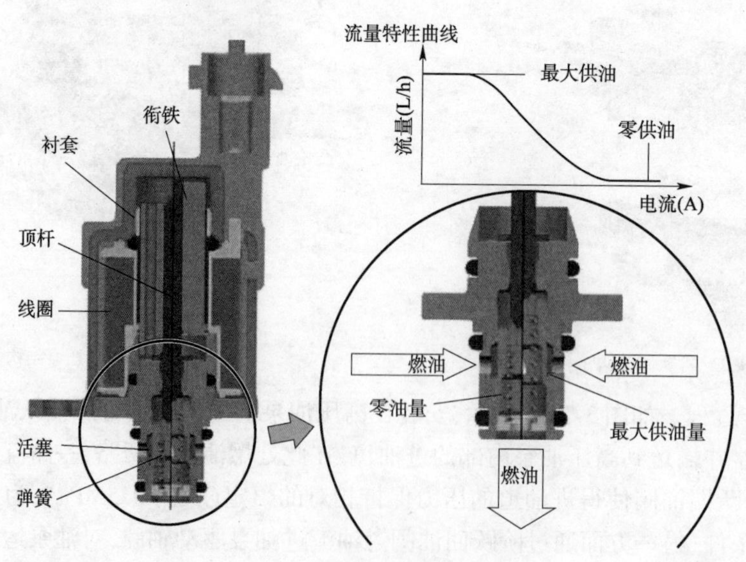


图 3-1-12　计量元件结构及特性曲线

ECU 通过脉冲信号改变进油截面积从而增大或减小油量。

2. 高压共轨管部分

高压共轨管的作用是存储高压燃油,并将高压燃油分配到各个喷油器。同时,保证在喷油器打开时,喷射压力维持定值。根据发动机的安装条件共轨的设计是可变的。共轨上装有用于测量燃油压力的共轨压力传感器、限压阀和流量限制器,如图 3-1-13 所示。由高压油泵过来的高压燃油经高压油管通过共轨的进油口进入共轨并被分配到各个喷油器。

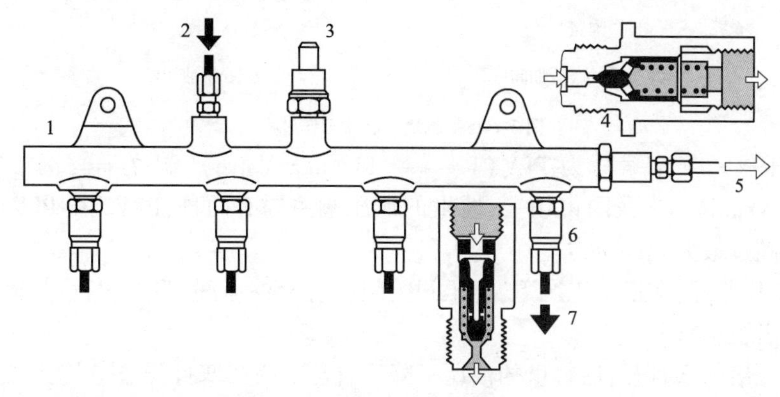


图 3-1-13 共轨管、限压阀与流量控制阀

1-共轨;2-自高压泵来的供油;3-共轨压力传感器;4-限压阀;5-回油;6-流量限制器;7-高压油管

部分共轨管上还装有压力控制阀,如图 3-1-14 所示。

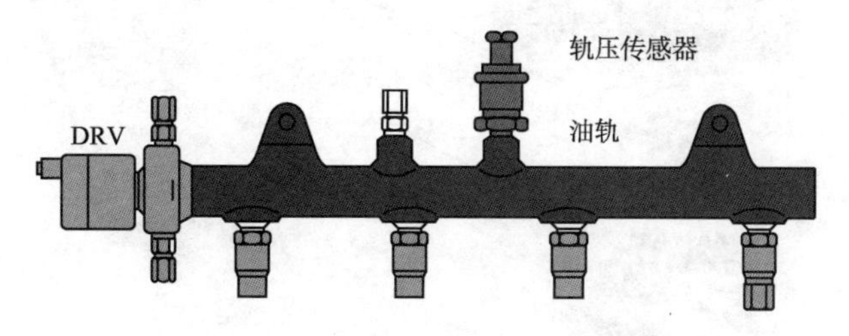


图 3-1-14 带有压力控制阀(DRV)的共轨管

元器件结构与原理:

(1)共轨压力传感器。燃油压力由共轨压力传感器测量并通过压力控制阀调节到所要求的数值。燃油通过共轨上的一个小孔流向共轨压力传感器,它的尽头用传感器膜片密封。有压力的燃油通过一个盲孔到达传感器膜片。一个将压力信号转换为电信号的传感器部件(半导体装置)安装在传感器膜片上,传感器产生的信号经处理后送入发动机控制单元。

(2)流量限制器。高压燃油通过流量限制器从共轨到喷油器,可降低加压管中的压力脉动,并以稳定的压力向喷油器提供燃油,还可以防止喷油器泄漏时,燃油进入燃烧室,如图 3-1-15 所示。

当高压管中出现压力脉动时,燃油穿过量孔产生的阻力破坏了油轨侧和喷油器侧的压力平衡,因此活塞将移到喷油器一侧,从而吸收压力脉动。正常压力脉动情况下,喷射因燃油流量降低而停止。随着通过量孔的燃油量增加,油轨和喷油器之间的压力得到平衡。结果,由于弹簧压力,活塞被推回油轨侧。但是,如果由于喷油器侧燃油泄漏等而发生异常流量状态,通过量孔的燃油就会失去平衡。这将使活塞被推动抵住底座,而导致燃油通道封闭。

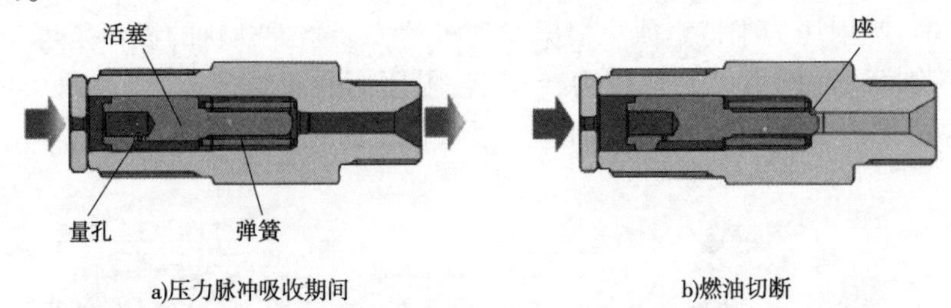


图 3-1-15 流量限制器工作过程

(3)限压阀。英文缩写为 PLV(Pressure Limiting Valve),德文缩写为 DBV(Druck Begrenzungs Ventil)。在我国市场上,博世的泄压阀主要有两种:PLV2 和 PLV4。主要用来防止油压超过最大允许压力。

PLV2 工作原理:在正常工况下,泄压阀关闭没有燃油泄漏,只有发生故障时,泄压阀才会主动或者被动打开。

首先第一级活塞打开,油轨里的油压下降后直至二级活塞打开,达到轨压与泄流量的平衡,轨压稳定在较低压力进入跛行回家模式(Limp-home),如图 3-1-16、图 3-1-17 所示。

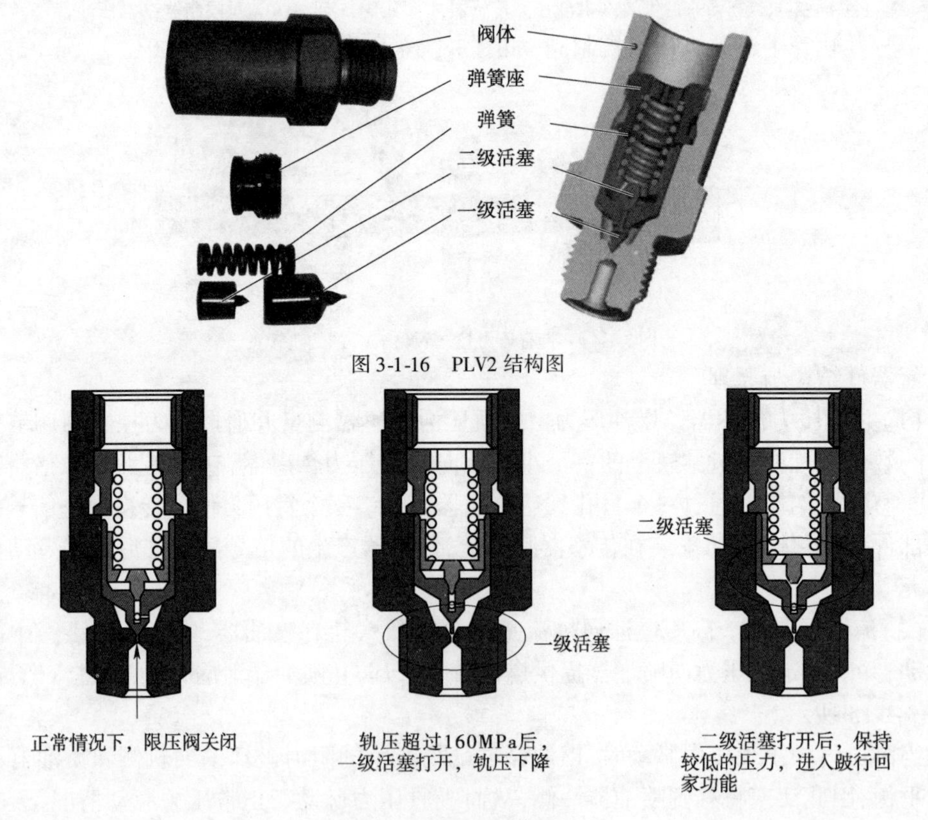


图 3-1-16 PLV2 结构图



图 3-1-17 PLV2 工作过程

PLV4 工作原理:在正常工况下,泄压阀是关闭的,没有燃油泄漏,只有当发生故障时,泄压阀才会主动或者被动打开。

发生故障时,活塞上下移动,活塞的流通截面随之改变,与弹簧共同调节轨压,直至达到轨压与泄流量的平衡,轨压稳定在较低压力进入跛行回家模式。

所谓跛行回家是指高压共轨系统中某些部件故障反馈给了 ECU,系统为防止潜在故障危险以保护发动机而控制喷油量,使得限压阀冲开,进入低速低转矩运行模式(工作轨压为 50~100MPa),使得故障车辆可以自行前往就近服务站维修,如图 3-1-18、图 3-1-19 所示。

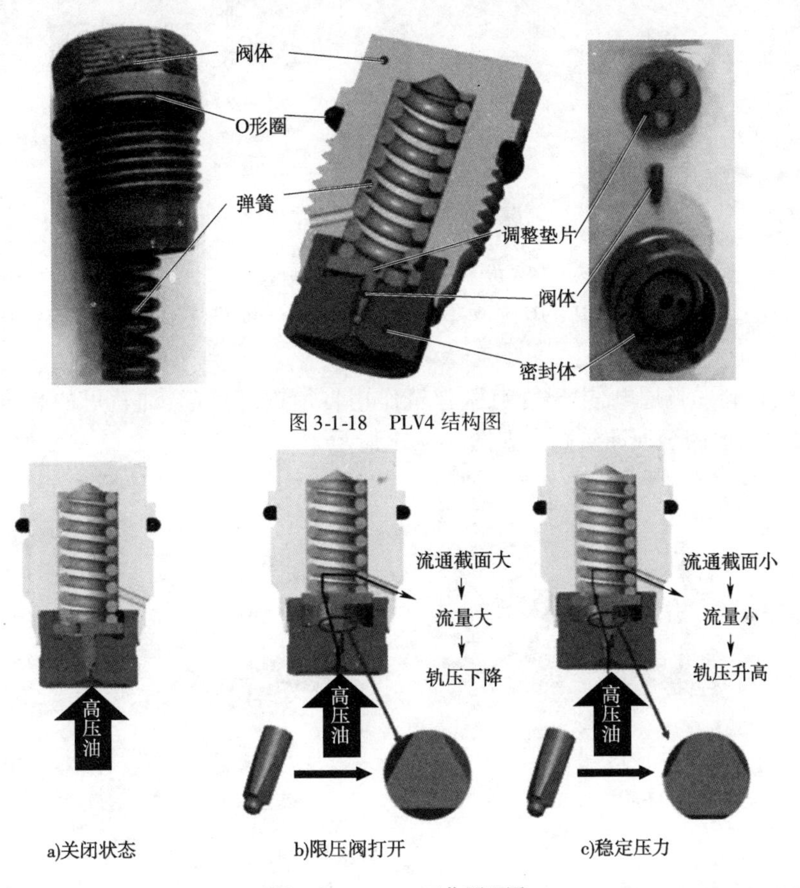


图 3-1-18　PLV4 结构图

图 3-1-19　PLV4 工作原理图

(4)压力控制阀。压力控制阀用于 CP1 共轨燃油系统或双点压力控制的共轨燃油系统,压力控制阀用来设定一个正确的对应于发动机负荷的共轨压力,并保持共轨压力不变。当共轨压力过大,压力控制阀打开,一部分燃油经回油管路流回油箱。当共轨压力过小时,压力控制阀关闭,断开高压与低压油路。压力控制阀是通过一个安装凸缘安装在高压泵或者高压蓄能器(共轨)上。随着共轨系统压力的提升和流量需求的增大,DRV 已经开发出了不同的型号,包括:DRV1、DRV2、DRV3、DRV4。其中,DRV1 用于 CP1S 共轨喷油泵上,DRV2 和 DRV3 应用则较为广泛,市场保有量也相对较大,如图 3-1-20 所示。

为了使高压油路与低压油路之间密封良好,铁芯杆将一个球阀抵靠在密封座上,有两个力作用在枢轴上:一是压下的弹簧力;二是一个由电磁铁产生的作用力。为了保证润滑和冷却,燃油必须流经铁芯杆。

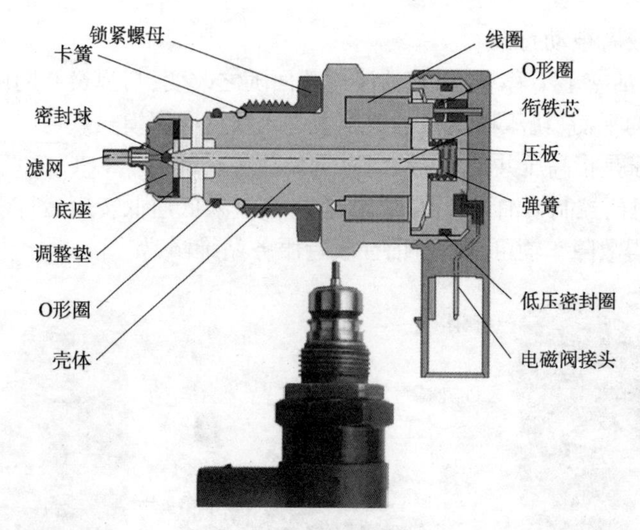


图 3-1-20　DRV2 和 DRV3 结构图

DRV 的工作原理：在 DRV 电磁阀不通电的情况下，衔铁芯在弹簧力的作用下紧紧封住座面孔，轨压可持续建立。

DRV 电磁阀一旦通电，电磁力克服弹簧作用将衔铁芯抬起，油轨里的高压油通过阀座孔，经回油油道回至回油管路。如图 3-1-21 所示。

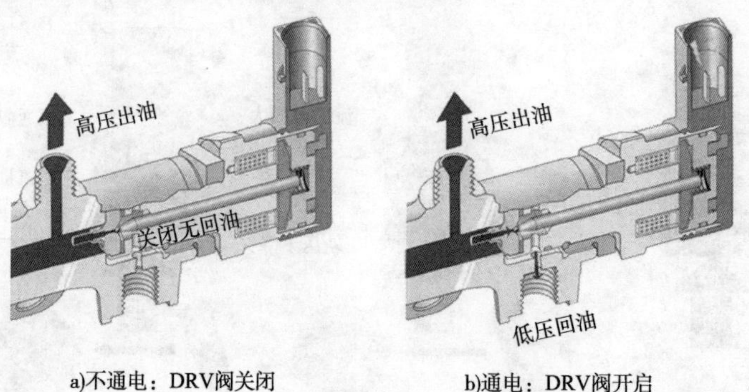


a)不通电：DRV阀关闭　　b)通电：DRV阀开启

图 3-1-21　DRV 阀工作原理

在部分高压共轨燃油系统中，同时具有油量计量单元 ZME 和压力控制阀 DRV。在低怠速工况下，ZME 完全打开供油，由 DRV 来控制轨压的大小。在全负荷工况下，DRV 完全关闭，由 ZME 来控制轨压。而在中速时，ZME 和 DRV 同时工作共同控制轨压，这样使得轨压波动非常小，效率也大大提高，如图 3-1-22 所示。

3. 乘用车共轨喷油器 CRI

目前，我国市场上主流的 CRI 类别虽然分为 CRI2. 0、CRI2. 2、CRI1-16 等，但是实际上其内部几何结构都一样。

1) CRI 共轨喷油器结构

喷油器 CRI 大体分为五大组件，分别是：电磁铁组件、衔铁组件、阀组件、喷油器体和油嘴偶件。各部分功能阐述如下：

(1) 电磁铁组件：由线圈、电接头、回油连接、紧帽等几部分组成，它在通电的情况下会产生电磁力，吸引衔铁盘上移，实现阀球的开启与关闭，如图 3-1-23 所示。

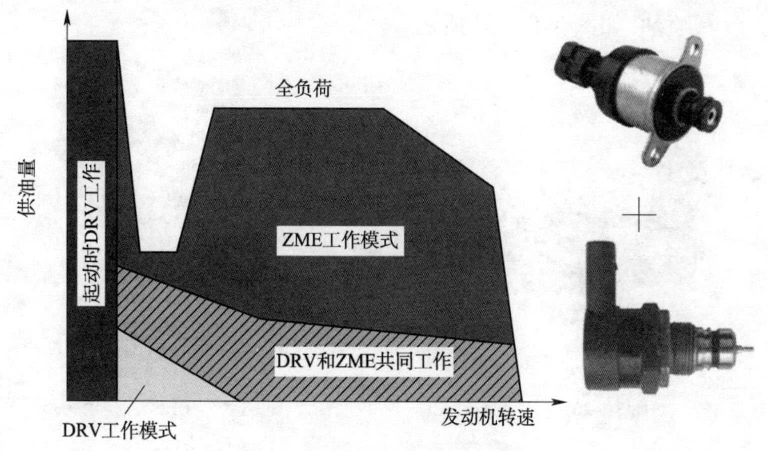


图 3-1-22　DRV + ZME 模式

(2) 衔铁组件：由衔铁芯、衔铁盘、衔铁导向等组成，它在电磁力的作用下上下运动，是控制喷油器喷射与否的控制部件之一，如图 3-1-24 所示。

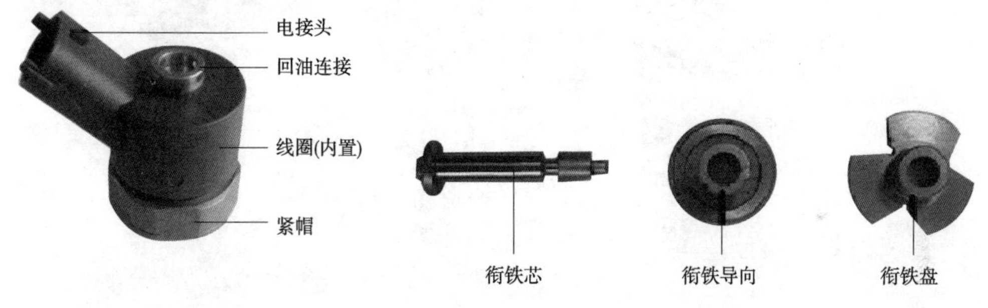


图 3-1-23　电磁铁组件　　图 3-1-24　衔铁组件

(3) 阀组件：由阀座和阀杆两个部件偶配而成，二者之间的配合间隙仅 3 ~ 6μm。阀座上有两个微小的节流孔，座面的叫 A 孔，侧面的叫 Z 孔。阀组件是控制喷油器喷射与否的主要运动部件之一，如图 3-1-25 所示。

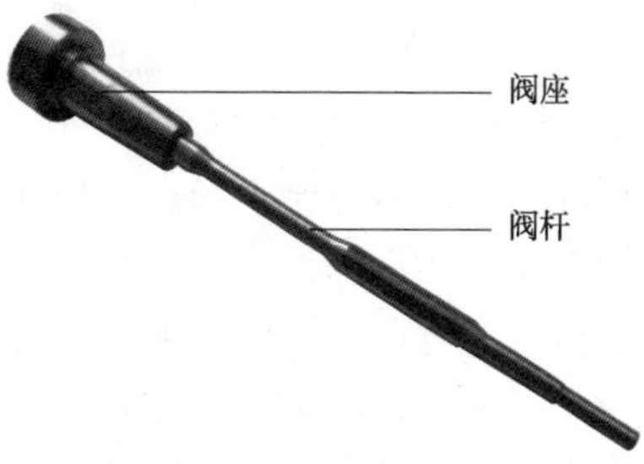

阀座
阀杆

图 3-1-25　阀组

(4) 喷油器体：喷油器体有高低压油道，是主要的承压部件。目前，国内的 CRI 都是进口在外面、回油口在尾端的类型，如图 3-1-26 所示。

(5) 油嘴偶件：由针阀和针阀体组成，结构上与传统的机械油嘴无异。只是偶配间隙更小（约 2.5μm），喷孔的加工更讲究（液力研磨成倒锥形孔等）。它负责向燃烧室内喷油，是实现精确喷射、油雾形成等的关键部件，如图 3-1-27 所示。

2) CRI 共轨喷油器工作过程

(1) 静止关闭阶段：电磁铁不通电，阀球在弹簧力的作用下紧紧封住阀座座面。由于通入阀环腔的燃油与通入喷嘴腔的燃油具有相同的压强，且阀杆端面的液力受力面积远大于针阀端的液力受力面积，因此作用在整个运动部件上的合力向下，这时候针阀落座紧紧封住喷孔，没有喷油，如图 3-1-28a）所示。

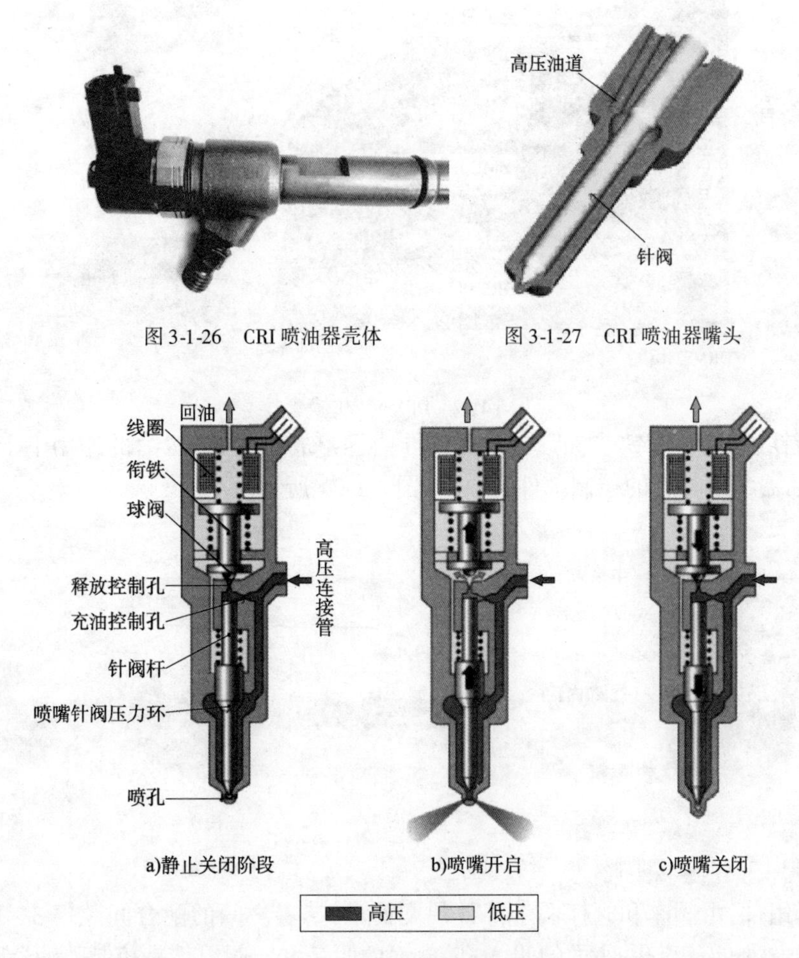


图 3-1-26　CRI 喷油器壳体

图 3-1-27　CRI 喷油器嘴头

图 3-1-28　共轨喷油器工作过程

（2）喷射阶段：当电磁铁通电时，产生向上的电磁力，这时电磁力吸引衔铁盘向上运动，球阀在高压燃油的作用下被顶开，阀环腔内的高压燃油通过座面孔快速往上回油，阀环腔内的油压急剧下降。但是针阀端环腔内的燃油仍然保持与轨压相近的压强，因此作用在整个运动部件上的合力向上，迫使针阀抬起，高压燃油通过喷孔喷射入燃烧室，实现喷射。在电磁阀持续通电的情况下，喷油器持续喷油，如图 3-1-28b）所示。

（3）停止喷射：一旦电磁铁停止通电，其产生的电磁力即刻消失，衔铁芯在弹簧力的作用下迫使球阀紧紧封住阀座座面。这时，阀环腔内油压迅速增加直至与接近油轨内的油压。作用在整个运动部件上的合力转为向下，针阀落座紧紧封住喷孔，停止喷油，如图 3-1-28c）所示。

由于液力伺服式喷油器的喷射正时完全依靠各控制腔的油压变化来实现，因此它从电磁铁通电到喷射开始存在一定的液力延迟。而各运动部件导向面的磨损状况会影响到液力延迟的长与短，通常磨损越厉害喷射延迟越大。

## 任务实施

1. 分析

车辆燃油系统无法产生高压压力,要从基本的几个地方排除问题:首先是油泵是否能够产生压力,其次是共轨管是否泄压,最后要检查共轨喷油器是否泄压。

2. 工具装备

套装工具,共轨喷油泵拆装专用工具,共轨喷油器拆装专用工具,共轨系统检测试验台。

3. 实施方法

(1)确认车辆所配置的共轨喷油泵为 CP3 泵,采用的是博世 CRI 型共轨喷油器。

(2)拆卸部分。

①共轨泵拆卸。由于该油泵不需要对点火时间,因此只需要将齿轮泵进出油管,油泵进回油管及高压油管松开。拧开三颗固定泵体的螺栓(安装时的力矩要求为 25 ~ 35N · m),同时松开锁轴的大螺母(安装时的力矩要求为 100 ~ 110N · m),左右晃动油泵,取出油泵即可,如图 3-1-29 所示。有部分油泵是将油泵连同齿轮一起取下,拆装时需注意。

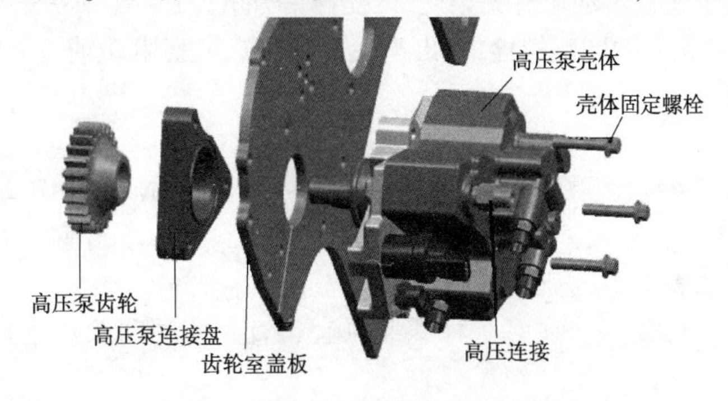


图 3-1-29　高压共轨油泵在发动机上的固定

②拆卸共轨管。共轨管一般是通过两个螺栓固定在发动机机体上。只需要将固定螺栓松开,同时松开高压进油管、通往共轨喷油器的高压油管以及泄压阀的油管,然后拔掉轨压传感器的连线,如图 3-1-30 所示。

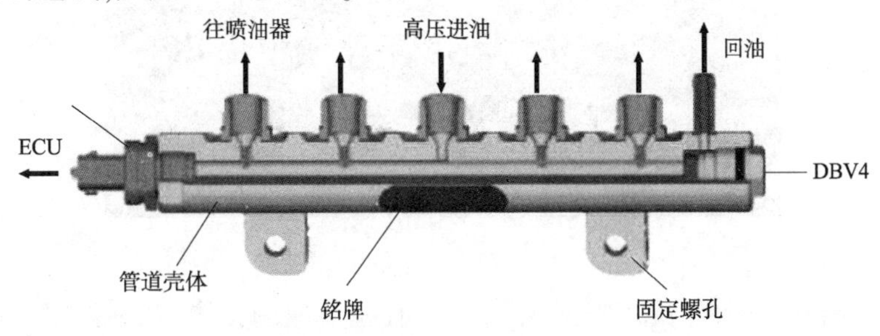


图 3-1-30　共轨管在发动机上的固定

③拆卸 CRI 共轨喷油器。首先取下喷油器回油管的卡簧,然后取下回油管。拆掉电磁阀接头,松开高压油管,最后松开喷油器压板锁紧螺栓。在取出喷油器的过程中要注意,先使喷油器松动之后再开始拉拔喷油器,而且喷油器电磁阀处不可受力,如图 3-1-31 所示。

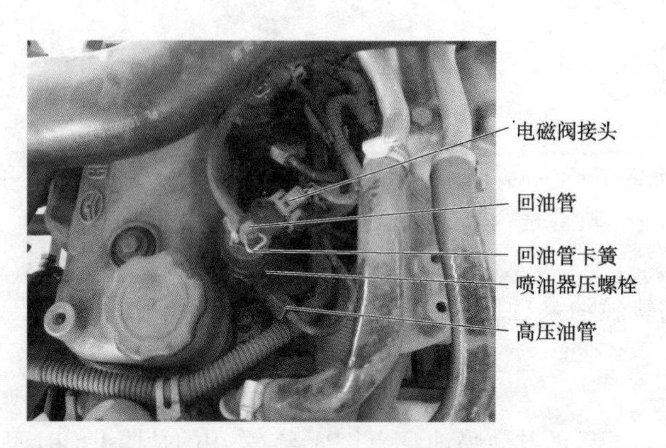


图 3-1-31　CRI 喷油器在发动机上的位置

(3)拆解与清洗。

①共轨喷油泵的拆装。

a. 工具准备。带台钳的工作台及专用工具。

b. 松开固定计量单元的三颗螺栓,取下计量单元。测量计量单元电子值为 2.5 ~ 3.5Ω。观察计量单元进出油口有无杂质,螺栓拧紧力矩为 6 ~ 7N · m。

c. 松开固定齿轮泵的四颗螺栓,取出齿轮泵。注意观察驱动轴与驱动齿轮的磨损情况,拧紧力矩为 8 ~ 10N · m。

d. 松开溢流阀,检查是否卡死。

e. 松开固定凸缘的六颗螺栓,螺栓拧紧力矩为 7.5 ~ 8.5N · m。转动凸缘盘,用手按住驱动轴,边旋转边拔出。注意密封圈的数量,取出密封圈。取出驱动轴,观察驱动轴在油封位置的磨损情况,严重时则需要更换。

f. 使用专用工具,分别卡住三个柱塞座,旋紧,直到能顺利取出三角环,如图 3-1-32 所示。

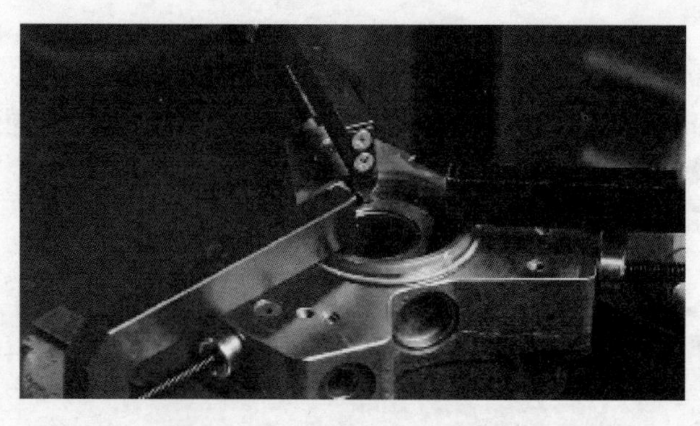

图 3-1-32　CP3 共轨泵专用工具使用

g. 依次取出柱塞座、弹簧和柱塞,记住每个柱塞对应的位置,观察柱塞磨损情况。由于此柱塞套是与壳体集成的,因此一旦柱塞磨损严重,则需更换高压泵总成。

h. 依次拆开柱塞顶部的锁紧螺母,拧紧力矩为 35N · m,取出其中的回吸阀,观察其能否正常活动。

i. 拆开高压出油接头以及和其对应的另外两个锁紧螺母,拧紧力矩为 35N · m。取出内部的弹簧和钢球,观察其是否磨损。

j. 对各个部件进行清洗后,更换修理包,按与拆解相反的顺序安装。

②共轨管的拆解与清洗。

共轨管的拆解主要是针对内部管路的清洗,包括各个高压油管的清洗。使用清洁干净的压缩空气清洗即可,必要时可将轨压传感器和限压阀拆下后清洗。轨压传感器的安装力矩为25N·m,限压阀安装力矩为45N·m。

③共轨喷油器的拆装与清洗。

a. 工具准备带拆装台架的工作台专用拆装工具专用测量工具。

b. 取出共轨喷油器嘴头处的铜垫片,确认其厚度。安装时要更换新的相同厚度的垫片。

c. 将共轨喷油器按照正确的方法进行夹装。松开油嘴压帽。依次取出内部构件,如图3-1-33所示。

图3-1-33 CRI共轨喷油器内部构件

d. 将喷油器电磁阀朝上方夹装,使用专用工具对喷油器电磁阀进行拆解。拆之前注意电磁阀接头与高压接头之间的角度,如图3-1-34a)所示。松开电磁阀,取下电磁阀及内部调整垫片和弹簧,如图3-1-34b)所示。

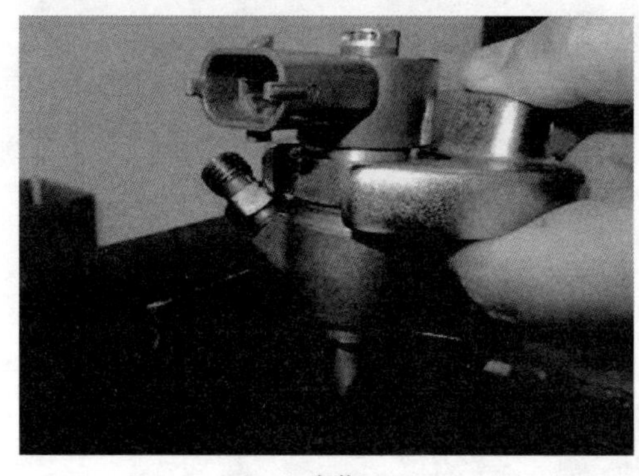

a)夹装

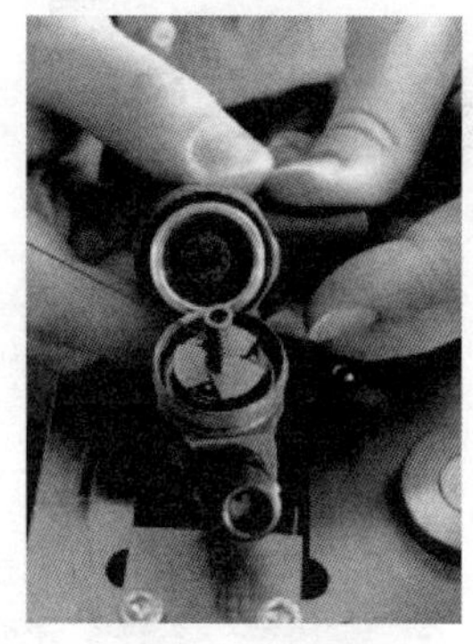

b)取下电磁阀

图3-1-34 拆解CRI喷油器电磁阀

e. 取出卡簧,拆卸衔铁盘,取出空气余隙垫片,如图3-1-35所示。使用专用工具,松开紧固螺母,依次取出内部构件。注意钢球及钢球座,小心存放,如图3-1-36所示。

f. 使用专用工具,从喷油器嘴头方向将喷油器阀组件顶出,然后取出密封圈和支撑环,如图3-1-37所示。

g. 观察各部件的磨损情况,尤其是喷油器嘴头及阀组件座面孔,出现磨损即需更换。将部件初步清洗后放入超声波清洗机内,清洗15min以上,然后取出,用干净的燃油二次清洗。之后,将部件及所需更换零件统一放入干净的盘内,准备安装,如图3-1-38所示。

图 3-1-35　CRI 喷油器衔铁盘部件的拆解

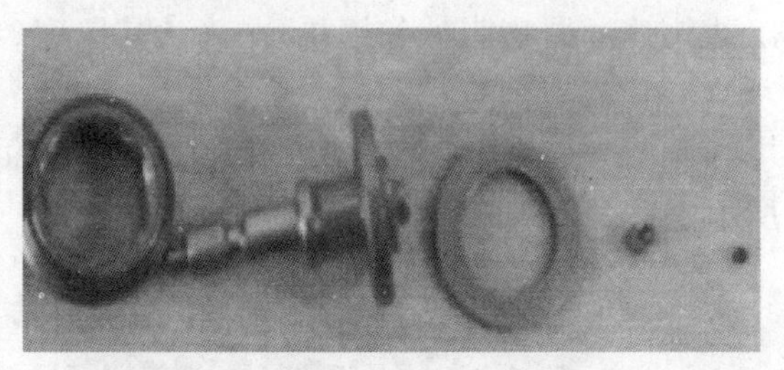

图 3-1-36　CRI 喷油器衔铁芯部件的拆解

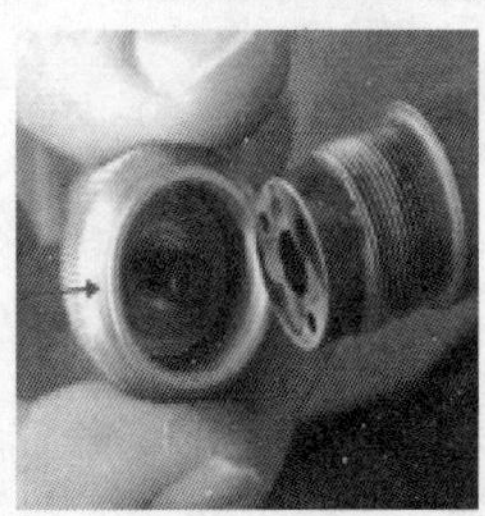

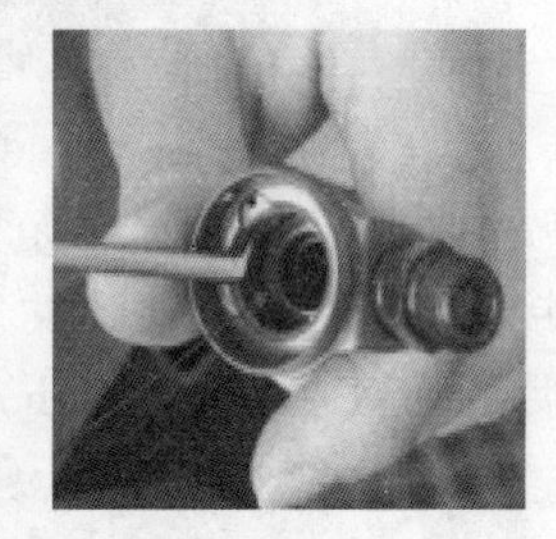

图 3-1-37　CRI 喷油器阀组件的拆解

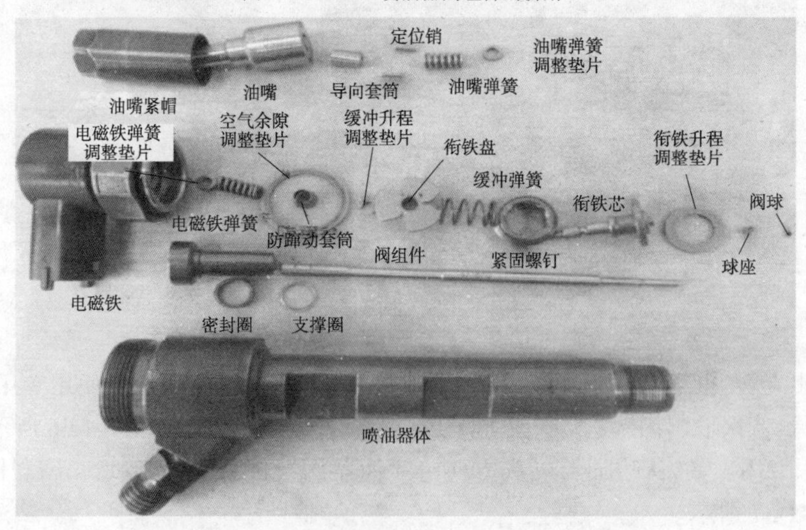


图 3-1-38　CRI 共轨喷油器部件结构图

h. 使用专用工具安装密封圈和支撑环，如图 3-1-39 所示。特别注意，支撑环的翘边向上方安装。

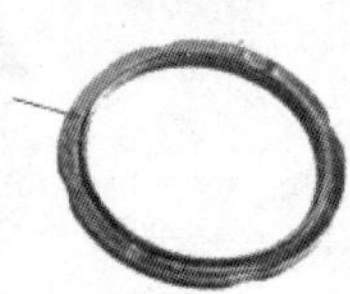
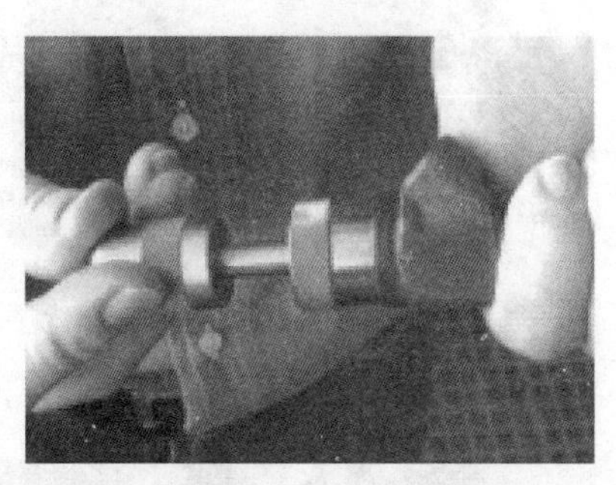

图 3-1-39　CRI 喷油器安装密封圈和支撑环

i. 在喷油器嘴头位置装上专用的保护装置后，将阀组件从上方放入喷油器壳体内，用专用压入工具将阀组件压到壳体内，如图 3-1-40 所示。

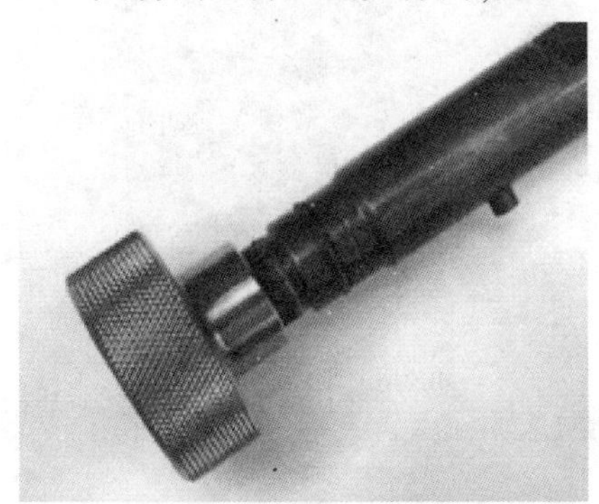

a)安装专用工具

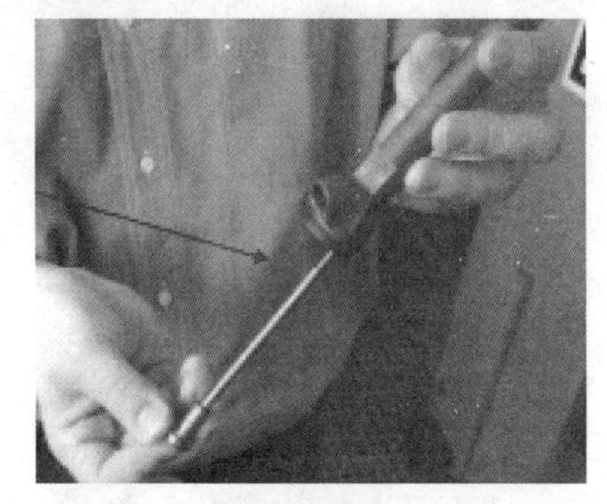

b)安装阀组

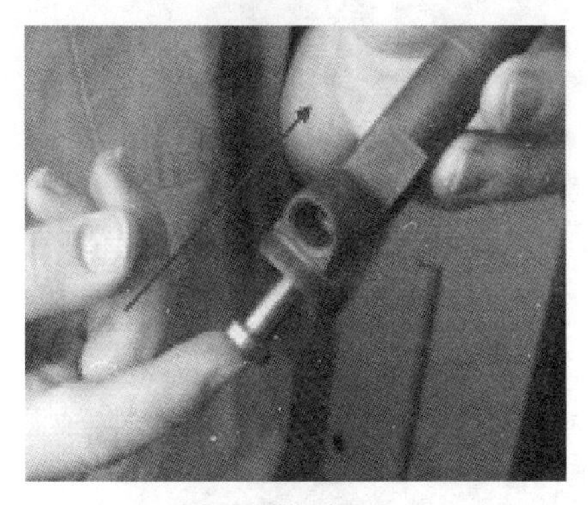

c)用手顶入阀组

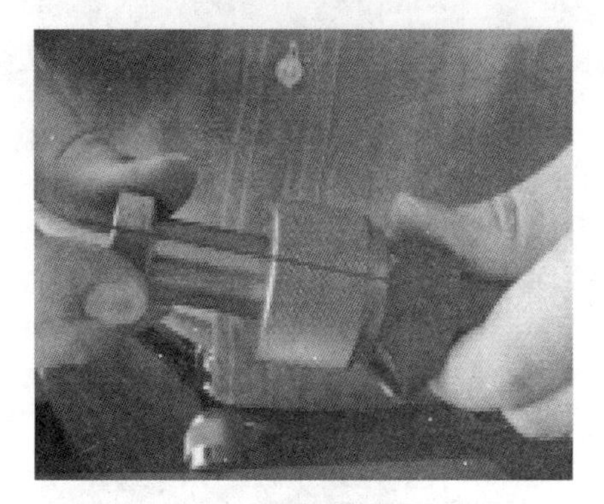

d)专用工具压入阀组

图 3-1-40　CRI 喷油器阀组件的安装

j. 依次放入钢球、钢球座、衔铁升程调整垫片、衔铁芯，放入锁紧螺母，使用专用工具拧紧。拧紧力矩为 35 ~ 45N · m，如图 3-1-41 所示。拧紧力矩过大或过小都会对喷油器最终的喷油量造成影响。

k. 安装空气余隙调整垫片、弹簧、衔铁盘，装入卡簧。在电磁阀内放入垫片和弹簧后，将电磁阀安装到喷油器上，如图 3-1-42 所示，使用专用工具将电磁阀拧紧，拧紧力矩为 25 ~ 35N · m。

a)放入衔铁升程调整垫片

b)放入衔铁芯

c)放入锁紧螺母

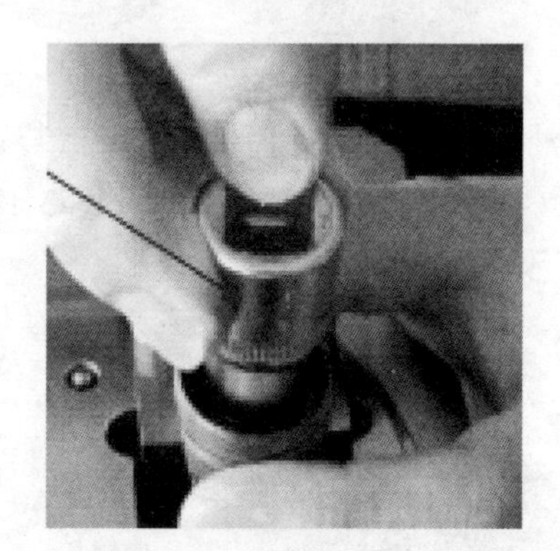

d)使用工具上紧

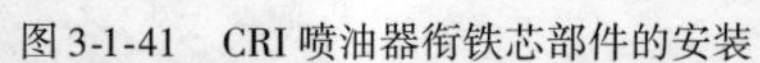

图 3-1-41　CRI 喷油器衔铁芯部件的安装

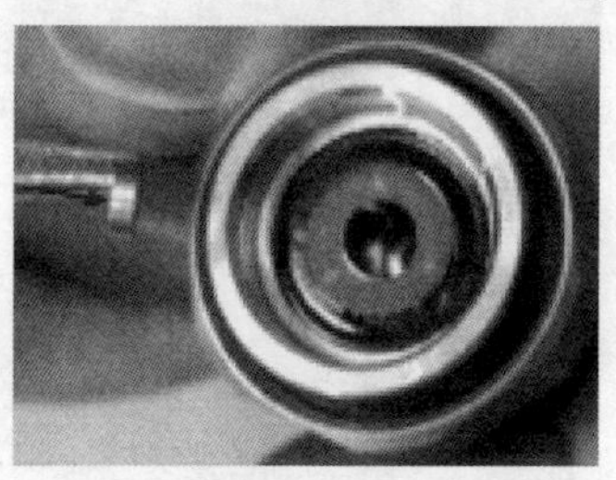

a)放入弹簧垫片

b)放入弹簧

c)安装电磁阀

d)拧紧电磁阀

图 3-1-42　CRI 喷油器衔电磁阀的安装

l. 将喷油器体倒置，依次放入垫片、弹簧、导向套、定位销和嘴头，拧紧油嘴压帽。拧紧力矩为 45 ~ 55N · m，如图 3-1-43 所示。

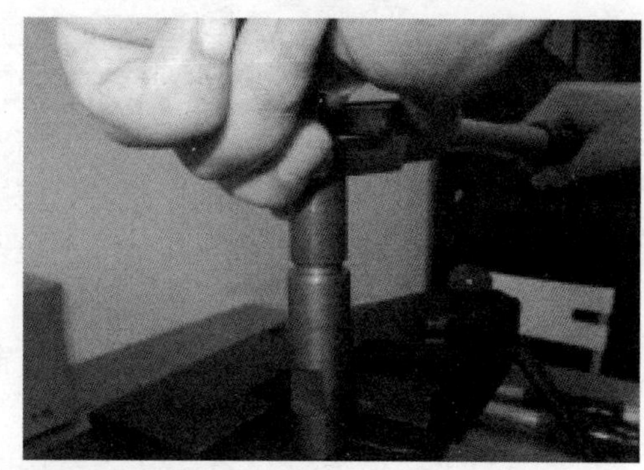

图 3-1-43　CRI 喷油器嘴头部分的安装

在整个喷油器的安装过程中，为保证喷油器的精确性，必要时可以对喷油器内部衔铁升程、空气余隙、电磁阀弹簧力、针阀升程等参数进行测量，具体操作步骤参考配套的课程资源。

(4)共轨喷油泵及喷油器的检测。

①共轨喷油泵的检测。

a. 试验台的准备和了解。对照产品说明书了解试验台结构。

b. 共轨泵在试验台上的安装。选择合适的联轴器、凸缘盘，将高压泵连接到试验台飞轮上，如图 3-1-44 所示。

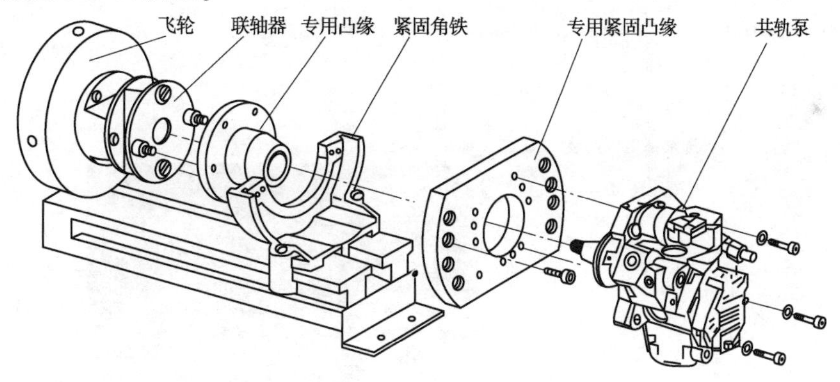


图 3-1-44　高压泵的安装

c. 高压泵在试验台上的连接。试验台上的进油管连接到油泵的进油口，回油管连接到油泵的回油口。如果高压泵的齿轮泵上有进油口，则将试验台的进油管连接到齿轮泵上，齿轮泵上的出油口和高压泵的进油口直接连接，油泵的高压出油和试验台的共轨管连接，选择正确的电气端口连接。

d. 高压油泵的检测。打开试验台进入应用菜单界面，选择正确的应用软件。然后输入高压泵对应的编号，选择检测程序。按 < F8 > 确定开始检测。在检测开始后并在自动功能已开启的情况下，在达到规定额定值后，立即开始等待时间或测量时间。到达时间后，系统软件 EPS945 自动切换到下一检测步骤并同时保存测量结果。如果达到最后检测步骤并且测量时间已到，EPS708 关闭并且检测结束。按 < F12 > 可以调出测量记录。通过 < F4 > 可存储数据并且调出历史数据。

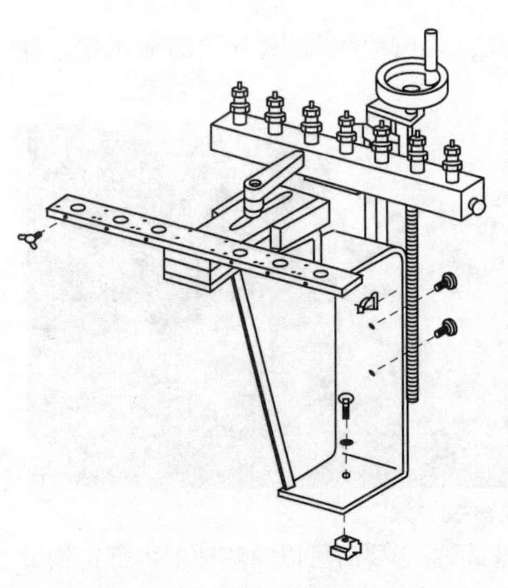

图 3-1-45　共轨喷油器的安装支架

②CRI 共轨喷油器的检测。

a. 共轨喷油器在试验台上的安装。由于检测共轨喷油器需要试验台提供一个较高压力，因此在检测喷油器的套件内配备了一台测试用的标准泵，该泵的连接方式与检测 CP3.3 高压泵的连接方式相同。CRI 共轨喷油器需要通过一个支架安装到试验台上，如图 3-1-45 所示。

b. 共轨喷油器 CRI 在试验台上的连接。选择正确的回油管接头、油量适配器以及高压连接头，将高压泵 CRI 共轨喷油器安装到支架上，如图 3-1-46 所示。

c. 共轨喷油器的检测。打开试验台进入应用菜单界面，选择正确的应用软件。然后输入共轨喷油器对应的编号，选择检测程序。按 < F8 > 确定开始检测。在检测开始后并在自动功能已开启的情况下，在达到规定额定值后，立即开始等待时间或测量时间。到达时间后，系统软件 EPS945 自动切换到下一检测步骤并同时保存测量结果。如果达到最后检测步骤并且测量时间已到，EPS708 关闭并且检测结束。按 < F12 > 可以调出测量记录，通过 < F4 > 可存储数据并且调出历史。

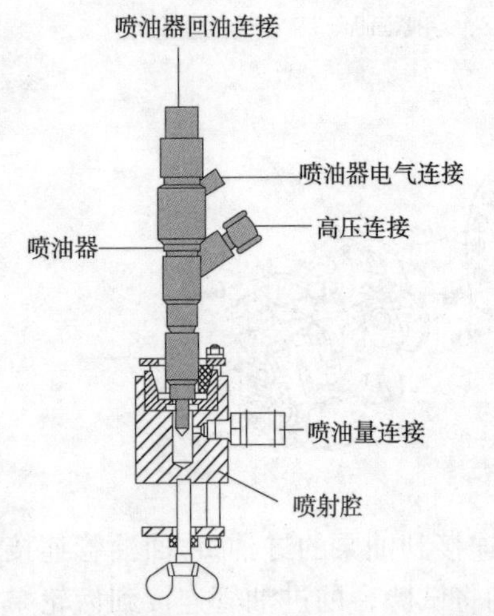


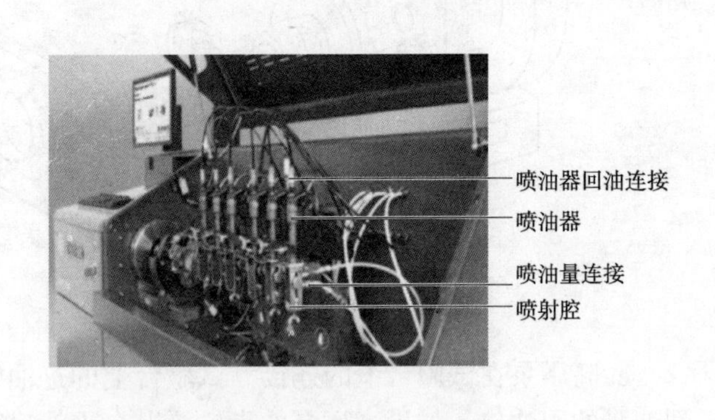


图 3-1-46　CRI 共轨喷油器的安装

(5) 共轨喷油泵及喷油器车辆上的安装。

将检测正常的共轨喷油泵及喷油器装好附件，按照与拆卸相反的顺序安装。

## 知识拓展

1. CP4 高压油泵

CP4 是博世最新一代高压共轨油泵，具有重量轻、模块化强、泵油效率高等特点。它采用燃油润滑且是凸轮驱动结构。

CP4 目前有 CP4.1 和 CP4.2 两种,其中 CP4.1 只有一个柱塞,自带齿轮泵,而 CP4.2 则有两个柱塞,且由电子输油泵主动供油,如图 3-1-47、图 3-1-48 所示。

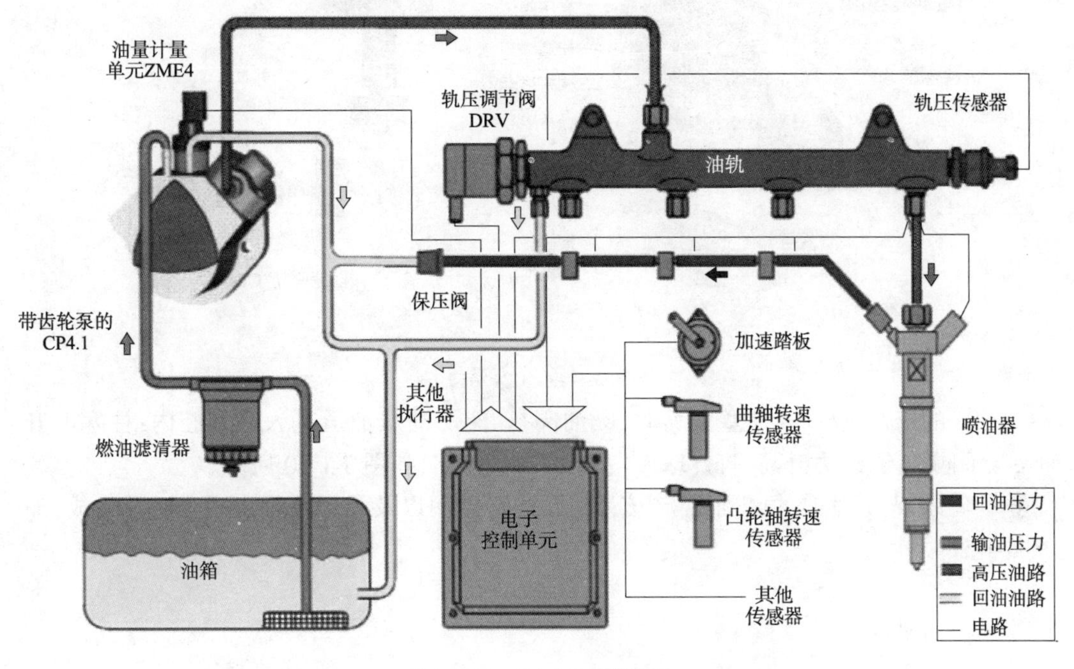


图 3-1-47　CP4.1 系统结构图

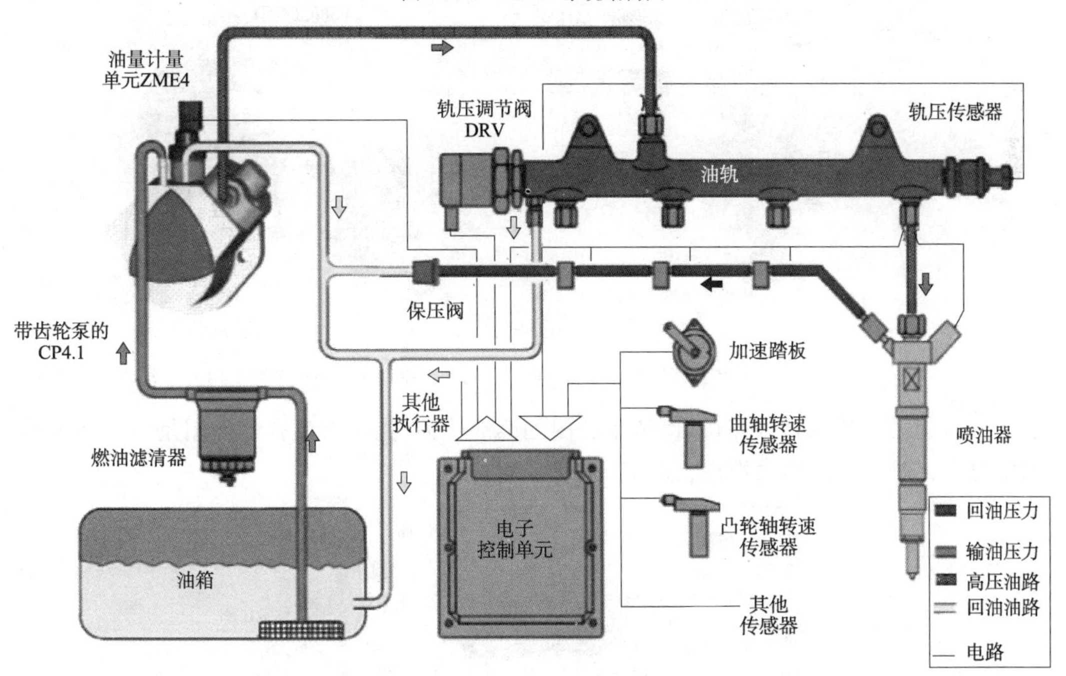


图 3-1-48　CP4.2 系统结构图

两者的区别仅仅在于低压油路使用分体式电子输油泵或整合式齿轮泵。

CP4 油泵结构,如图 3-1-49 所示。

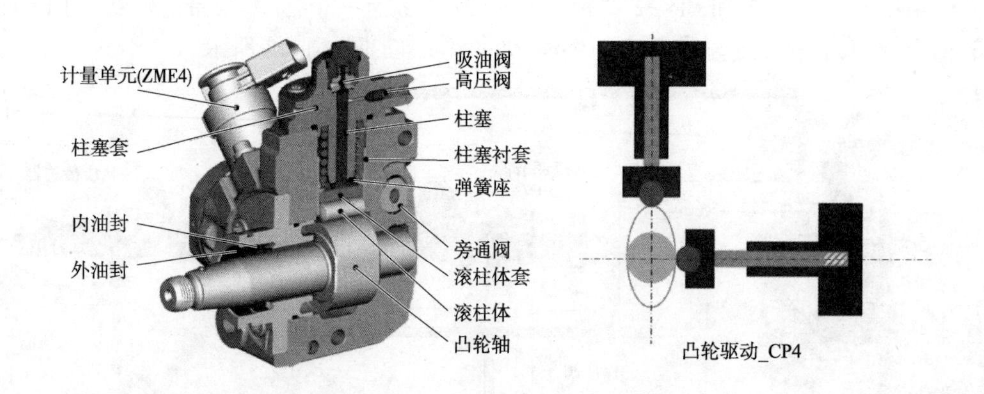


图 3-1-49　CP4 结构

CP4 的工作过程:当柱塞下移时,吸油阀打开,燃油从油道进入柱塞腔内;柱塞上升时,吸油阀关闭,压力升高,打开球形帽,从高压阀喷出,如图 3-1-50 所示。

齿轮泵:与其他泵的区别在于,该齿轮泵的密封圈以及驱动片是由两个叶片组成,如图 3-1-51 所示。

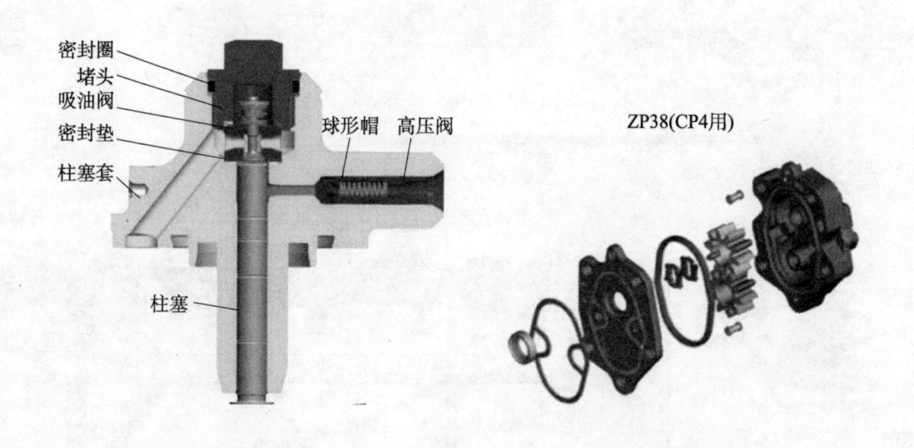


图 3-1-50　CP4 柱塞结构　　图 3-1-51　齿轮泵结构

旁通阀:旁通阀的作用就是保持泵腔内的燃油压力,同时节流孔的作用是为了减少燃油压力变化时产生的压力波动,如图 3-1-52 所示。

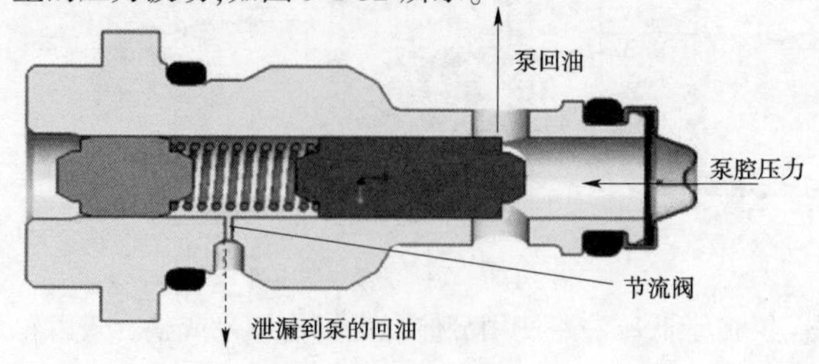


图 3-1-52　旁通阀结构

2. 压电式共轨喷油器

德国博世2005年末推出的第三代共轨系统的改进型采用了压电陶瓷喷油器,其运动部件由原来的4个减少为1个,运动质量减小75%,开关时间比电磁阀少50%。该系统的喷射压力为160MPa,喷油器响应时间为0.1ms,每次循环可实现5次喷射。压电式共轨喷油器,又名Piezo喷油器。是一种具有压电效应的功能型材料,被应用到了共轨喷油器上。其结构如图3-1-53所示。压电晶体如图3-1-54所示。

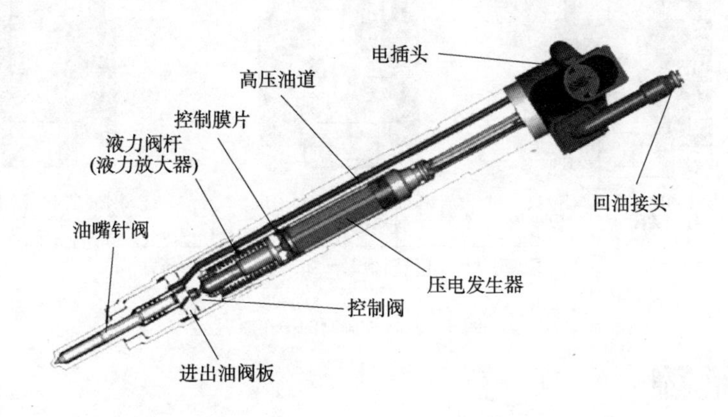


图3-1-53　压电喷油器的整体结构

(1)液力放大器工作原理。通过上下活塞直径的差异来实现发生器位移的放大。粗活塞的运动导致绿色阀腔内的容积产生变化。由于液压油的体积一定,粗活塞的向下运动会导致细活塞不得不向下移动,而且移动的距离远大于粗活塞移动的位移,从而实现位移量的放大,如图3-1-55所示。

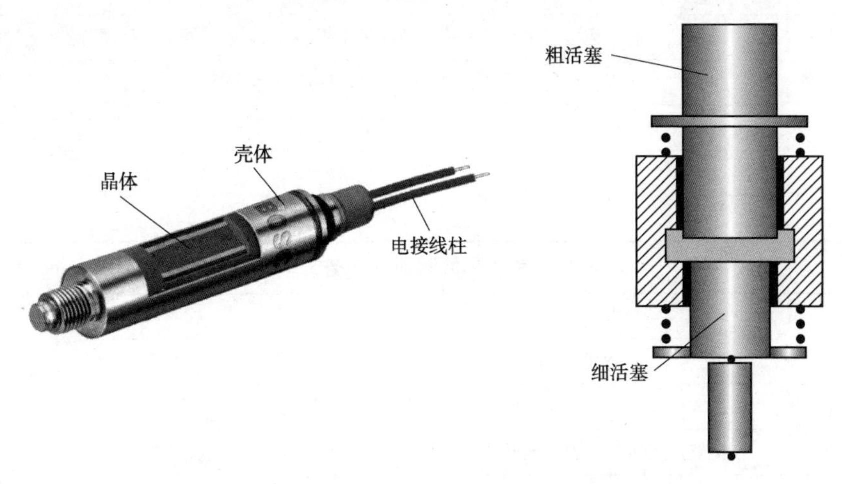


图3-1-54　压电晶体　　图3-1-55　液力放大器

(2)控制阀的工作原理。压电发生器的位移变化在液力放大器的推动下使得旁通阀开启与关闭,从而实现油嘴针阀的关闭与抬起,最终实现喷油器定时喷射,如图3-1-56所示。

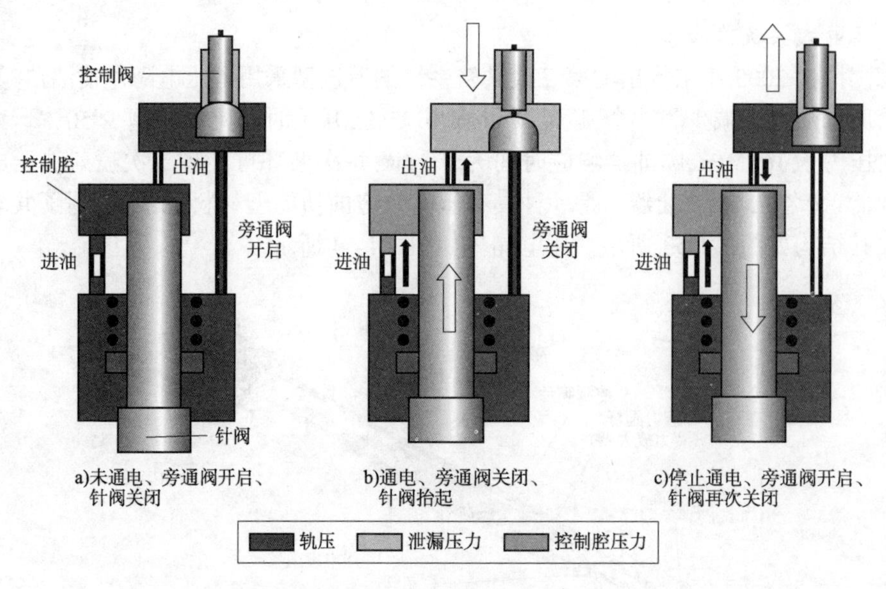


图 3-1-56 控制阀的工作原理

## 任务训练

学生按照实施过程进行分组训练,训练过程中注意检测步骤、小组协作,完成任务工单,如表 3-1-1 ~ 表 3-1-5 所示。

**共轨燃油喷射系统检修训练任务工单** 表 3-1-1

| 姓名 | | 学号 | | 班级 | | 组别及成员 |
|---|---|---|---|---|---|---|
| 场地 | | 时间 | | 成绩 | | |
| 任务名称 | 共轨燃油喷射系统检修 | | | | | |
| 任务目的 | 能够运用所学知识完成共轨喷油泵拆装,并对零部件进行故障判别 | | | | | |
| 工具、设备准备 | 带台钳的工作台,通用工具,共轨喷油泵拆装专用工具,万用表 | | | | | |
| 信息获取 | | | | | | |
| 任务实施 | | | | | | |
| 任务实施总结 | | | | | | |

**共轨喷油泵检测训练任务工单** 表 3-1-2

| 姓名 | | 学号 | | 班级 | | 组别及成员 |
|---|---|---|---|---|---|---|
| 场地 | | 时间 | | 成绩 | | |
| 任务名称 | 共轨喷油泵检测 | | | | | |
| 任务目的 | 能够运用所学知识完成共轨喷油泵在试验台上的安装和检测,并对测试结果进行判别 | | | | | |
| 工具、设备准备 | 通用工具,共轨系统检测试验台 | | | | | |
| 信息获取 | | | | | | |
| 任务实施 | | | | | | |
| 任务实施总结 | | | | | | |

**CRI 共轨喷油器拆装训练任务工单** 表 3-1-3

| 姓名 | | 学号 | | 班级 | | 组别及成员 |
|---|---|---|---|---|---|---|
| 场地 | | 时间 | | 成绩 | | |
| 任务名称 | CRI 共轨喷油器简单拆装 | | | | | |
| 任务目的 | 能够运用所学知识完成 CRI 共轨喷油器简单拆装，并对零部件进行故障判别 | | | | | |
| 工具、设备准备 | 带台钳的工作台，通用工具，共轨喷油器拆装专用工具，万用表，训练用喷油器 | | | | | |
| 信息获取 | | | | | | |
| 任务实施 | | | | | | |
| 任务实施总结 | | | | | | |

**CRI 共轨喷油器内部行程测量训练任务工单** 表 3-1-4

| 姓名 | | 学号 | | 班级 | | 组别及成员 |
|---|---|---|---|---|---|---|
| 场地 | | 时间 | | 成绩 | | |
| 任务名称 | CRI 共轨喷油器内部行程测量 | | | | | |
| 任务目的 | 能够运用所学知识完成 CRI 共轨喷油器内部行程测量的基本操作 | | | | | |
| 工具、设备准备 | 带台钳的工作台，通用工具共轨喷油器测量专用工具，万用表 | | | | | |
| 信息获取 | | | | | | |
| 任务实施 | | | | | | |
| 任务实施总结 | | | | | | |

**CRI 共轨喷油器检测训练任务工单** 表 3-1-5

| 姓名 | | 学号 | | 班级 | | 组别及成员 |
|---|---|---|---|---|---|---|
| 场地 | | 时间 | | 成绩 | | |
| 任务名称 | CRI 共轨喷油器的检测 | | | | | |
| 任务目的 | 能够运用所学知识完成 CRI 共轨喷油器在试验台上的安装和检测，并对测试结果进行判别 | | | | | |
| 工具、设备准备 | 通用工具，共轨系统检测试验台 | | | | | |
| 信息获取 | | | | | | |
| 任务实施 | | | | | | |
| 任务实施总结 | | | | | | |

## 任务评价

为促进学生的学习以及对专业技能的掌握，建立以指导教师评价、小组评价、学生自评为主导的实训评价体系，依据各方对学生的知识、技能和学习能力、学习态度等情况的综合评定，认定学生的专业技能课成绩，如表3-1-6～表3-1-10所示。

**共轨喷油泵拆装训练评价表** 表3-1-6

<table>
<tr><th colspan="2">考核单元</th><th>考核内容</th><th>分值</th><th>自评</th><th>组评</th><th>师评</th></tr>
<tr><td colspan="2">行为规范</td><td>课堂纪律、学习态度、学习兴趣等方面</td><td>20</td><td></td><td></td><td></td></tr>
<tr><td rowspan="6">考核</td><td rowspan="3">技能考核</td><td>共轨喷油泵整体结构认知</td><td>20</td><td></td><td></td><td></td></tr>
<tr><td>能够运用所学知识对指定的共轨喷油泵进行拆装</td><td>40</td><td></td><td></td><td></td></tr>
<tr><td>熟练判别共轨喷油泵零部件的故障点</td><td>10</td><td></td><td></td><td></td></tr>
<tr><td>理论考核</td><td>阐述共轨喷油泵工作原理</td><td>10</td><td></td><td></td><td></td></tr>
<tr><td colspan="2">综合测评</td><td colspan="4">□优秀 □良好 □合格 □不合格<br>教师签字：</td></tr>
</table>

**共轨喷油泵检测训练评价表** 表3-1-7

<table>
<tr><th colspan="2">考核单元</th><th>考核内容</th><th>分值</th><th>自评</th><th>组评</th><th>师评</th></tr>
<tr><td colspan="2">行为规范</td><td>课堂纪律、学习态度、学习兴趣等方面</td><td>20</td><td></td><td></td><td></td></tr>
<tr><td rowspan="6">考核</td><td rowspan="3">技能考核</td><td>共轨检测试验台整体结构认知</td><td>20</td><td></td><td></td><td></td></tr>
<tr><td>指定的共轨喷油泵在共轨试验台上的安装</td><td>20</td><td></td><td></td><td></td></tr>
<tr><td>熟练使用试验台对共轨喷油器泵进行检测，并分析结果</td><td>30</td><td></td><td></td><td></td></tr>
<tr><td>理论考核</td><td>阐述共轨试验台的基本维护</td><td>10</td><td></td><td></td><td></td></tr>
<tr><td colspan="2">综合测评</td><td colspan="4">□优秀 □良好 □合格 □不合格<br>教师签字：</td></tr>
</table>

**CRI 共轨喷油器拆装训练评价表** 表 3-1-8

| 考核单元 | | 考核内容 | 分值 | 自评 | 组评 | 师评 |
|---|---|---|---|---|---|---|
| 行为规范 | | 课堂纪律、学习态度、学习兴趣等方面 | 20 | | | |
| 考核 | 技能考核 | CRI 共轨喷油器整体结构认知 | 20 | | | |
| | | 能够运用所学知识对指定的 CRI 共轨喷油器拆装 | 40 | | | |
| | | 熟练判别 CRI 共轨喷油器零部件的故障点 | 10 | | | |
| | 理论考核 | 阐述 CRI 共轨喷油器工作原理 | 10 | | | |
| | 综合测评 | | □优秀 □良好 □合格 □不合格<br>教师签字： | | | |

**CRI 共轨喷油器内部行程测量训练评价表** 表 3-1-9

| 考核单元 | | 考核内容 | 分值 | 自评 | 组评 | 师评 |
|---|---|---|---|---|---|---|
| 行为规范 | | 课堂纪律、学习态度、学习兴趣等方面 | 20 | | | |
| 考核 | 技能考核 | 测量工具的整体结构认知 | 10 | | | |
| | | 基本工具的使用 | 20 | | | |
| | | 熟练使用测量工具对 CRI 共轨喷油器进行测量，并分析结果 | 30 | | | |
| | 理论考核 | 阐述 CRI 共轨喷油器内部行程的定义 | 20 | | | |
| | 综合测评 | | □优秀 □良好 □合格 □不合格<br>教师签字： | | | |

**CRI 共轨喷油器检测训练评价表** 表 3-1-10

| 考核单元 | | 考核内容 | 分值 | 自评 | 组评 | 师评 |
|---|---|---|---|---|---|---|
| 行为规范 | | 课堂纪律、学习态度、学习兴趣等方面 | 20 | | | |
| 考核 | 技能考核 | 共轨检测试验台整体结构认知 | 20 | | | |
| | | 指定的 CRI 共轨喷油器在共轨试验台上的安装 | 20 | | | |
| | | 熟练使用试验台对 CRI 共轨喷油器进行检测，并分析结果 | 30 | | | |
| | 理论考核 | 阐述共轨试验台的基本维护 | 10 | | | |
| | 综合测评 | | □优秀 □良好 □合格 □不合格<br>教师签字： | | | |

## 任务训练

### 1. 单项选择题

(1)博世 CP1S 高压泵有(　　)个柱塞。

A. 2　　B. 3　　C. 4　　D. 6

(2)博世 CP3 共轨喷油泵计量单元不通电时为(　　)。

A. 常开　　B. 常闭　　C. 半开半闭

(3)博世 CP1S 高压泵安全阀的开启压力为(　　)。

A. $(0.5 \sim 1.5) \times 10^5$　　B. $(1 \sim 2) \times 10^5$

C. $(2 \sim 3) \times 10^5$　　D. $(3 \sim 4) \times 10^5$

(4)共轨喷油器阀座和阀杆的配合间隙为(　　)。

A. 0.002 ~ 0.003mm　　B. 0.003 ~ 0.004mm

C. 0.003 ~ 0.006mm　　D. 0.005 ~ 0.006mm

**2. 多项选择题**

(1)CP1H 型高压油泵齿轮泵主要由(　　)组成。

A. 驱动齿轮　　B. 从动齿轮　　C. 泵体　　D. 连接块

(2)共轨喷油器结构内部包含(　　)。

A. 电磁铁组件　　B. 衔铁组件　　C. 阀组件　　D. 油嘴偶件

(3)目前我国市场上的 CRI 喷油器大概包括(　　)。

A. CRI2.0　　B. CRI2.2　　C. CRI1-16　　D. CRI 3.0

**3. 判断题**

(1)CP1S 型高压泵自身不配有输油泵,因此进油压力由车上电动输油泵来保证。(　　)

(2)博世 CP3 共轨喷油泵的柱塞可以单独更换。(　　)

(3)博世 CP1S 高压泵的元件关闭阀是在紧急工况下使用的。(　　)

(4)CP1H 型高压油泵的低压压力主要是通过齿轮泵 ZP26 来实现。(　　)

(5)CP1H 高压泵计量元件在不通电时为常闭状态。(　　)

(6)在正常工况下,泄压阀是关闭的,没有燃油泄漏。(　　)

**4. 分析题**

(1)简单描述 CP3 共轨喷油泵柱塞出现磨损,会导致什么情况发生?

(2)简单描述共轨喷油器的工作过程。

(3)分析阀座座孔出现磨损会出现什么现象?

## 学习任务 3.2　商用车共轨系统的检修

### 任务目标

(1)掌握商用车共轨泵的结构和工作原理。

(2)掌握商用车共轨泵的拆装方法和简单故障判别方法。

(3)掌握试验台安装及检测商用车共轨泵的操作过程。

(4)掌握 CRIN 共轨喷油器的结构和工作原理。

(5)掌握 CRIN 共轨喷油器的拆装方法和简单故障判别方法。

(6)掌握试验台安装及检测 CRIN 共轨喷油器的操作过程。

客户一辆重型载货汽车，出现无法起动的情况。经过电脑初步检查后，发现该车燃油系统没有高压压力，首先检查线路，没有发现问题，然后怀疑为燃油系统有问题。确定发动机为潍柴 WP10 发动机，装配博世 CP2.2 高压共轨泵、CRIN 共轨喷油器。须对其进行检查。

知识准备

1. 高压共轨泵部分

(1)低压部分。CP2.2 型高压油泵的低压压力主要是通过齿轮泵 ZP5 来实现。

燃油进口允许压力为 3.5～10MPa，最高进油温度 70℃。当齿轮泵出口压力小于 0.1MPa时旁通阀打开，此时燃油不经过齿轮泵直接到达齿轮泵出口；当齿轮泵出口压力大于 1.2～1.3MPa 时过压保护阀打开，燃油从齿轮泵出口端直接回到齿轮泵进油端。如图 3-2-1 所示。

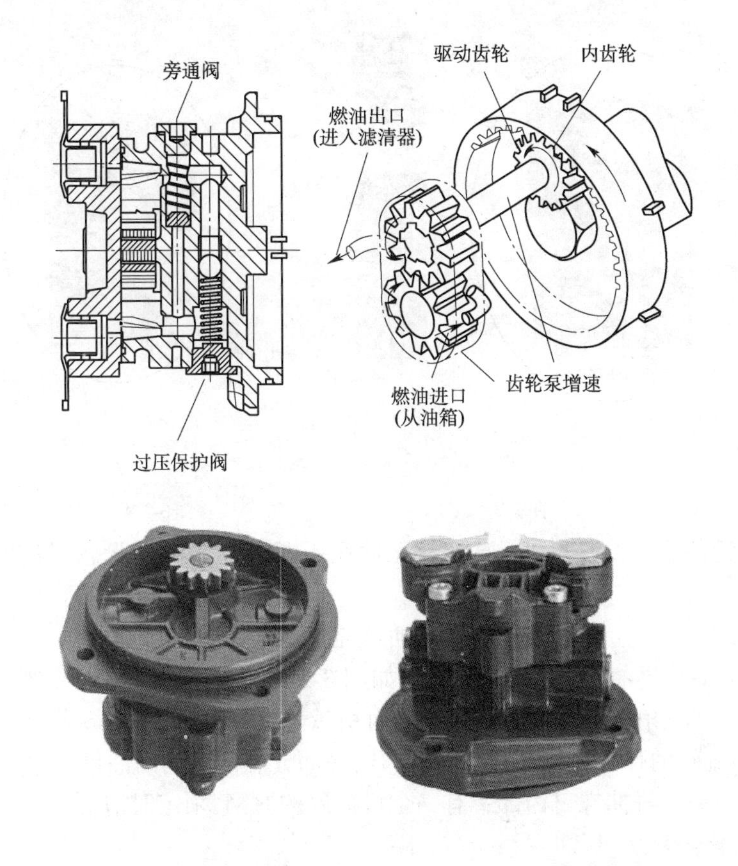


图 3-2-1 齿轮泵结构

(2)高压部分。CP2.2 型高压油泵由进出油阀、柱塞、柱塞套、柱塞弹簧、滚轮体、凸轮轴、泵体组成，如图 3-2-2 所示。

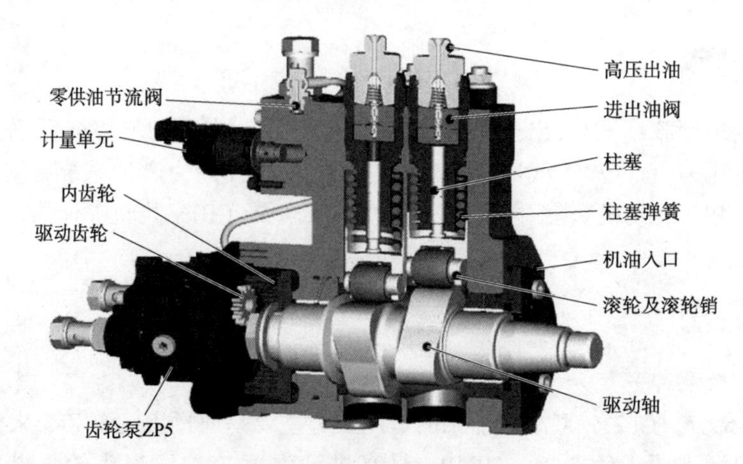


图 3-2-2　CP2.2 型喷油泵结构

(3)工作过程。当柱塞向下移动时,吸油阀打开,出油阀在弹簧作用下关闭,燃油进入柱塞腔内,如图 3-2-3 所示。柱塞向上移动,吸油阀关闭,出油阀打开,柱塞压缩燃油,通过高压油管进入共轨管内,如图 3-2-4 所示。

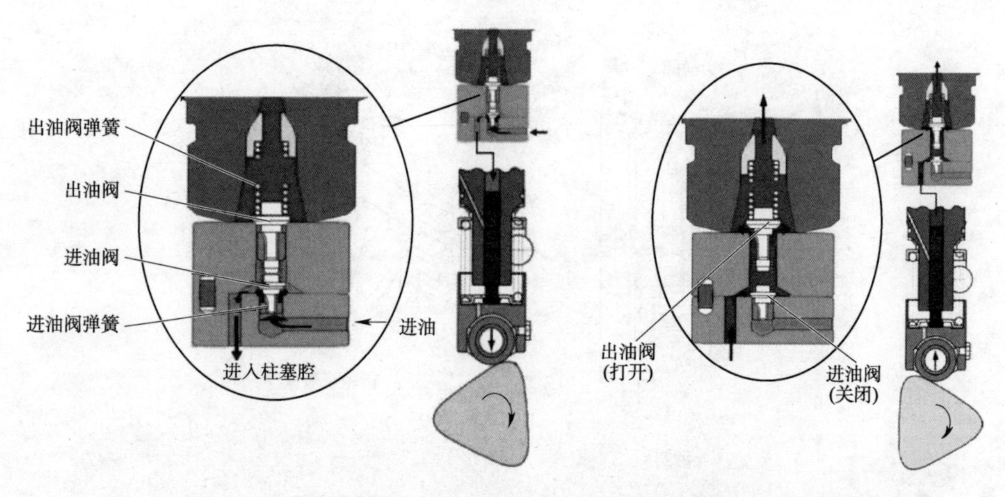


图 3-2-3　柱塞进油过程　　　图 3-2-4　柱塞泵油过程

(4)计量元件。CP2.2 型高压泵计量元件在不通电时为常开状态,与 CP3.3 泵的计量单元一样。

(5)溢流阀。泵体上通往高压组件的油道通过活塞和进油油道相连。活塞上开有三角形的孔,使燃油从进油油道进入活塞内,如图 3-2-5 箭头所示。当电磁阀不通电时,活塞被弹簧推住,使三角孔与进油油道的接触面积最大,从而达到一个最大的供油量。当进油压力大于溢流阀的弹簧力时,溢流阀被打开,一部分燃油回到回油口。

(6)进油螺钉。进油螺钉内部带有一个可拆卸的滤网,须定时清洗,如图 3-2-6 所示。

2. 高压共轨管部分

商用车高压共轨管共轨上装有用于测量燃油压力的共轨压力传感器和限压阀,如图 3-2-7所示。由高压油泵过来的高压燃油经高压油管通过共轨的进油口进入共轨并被分配到各个喷油器。

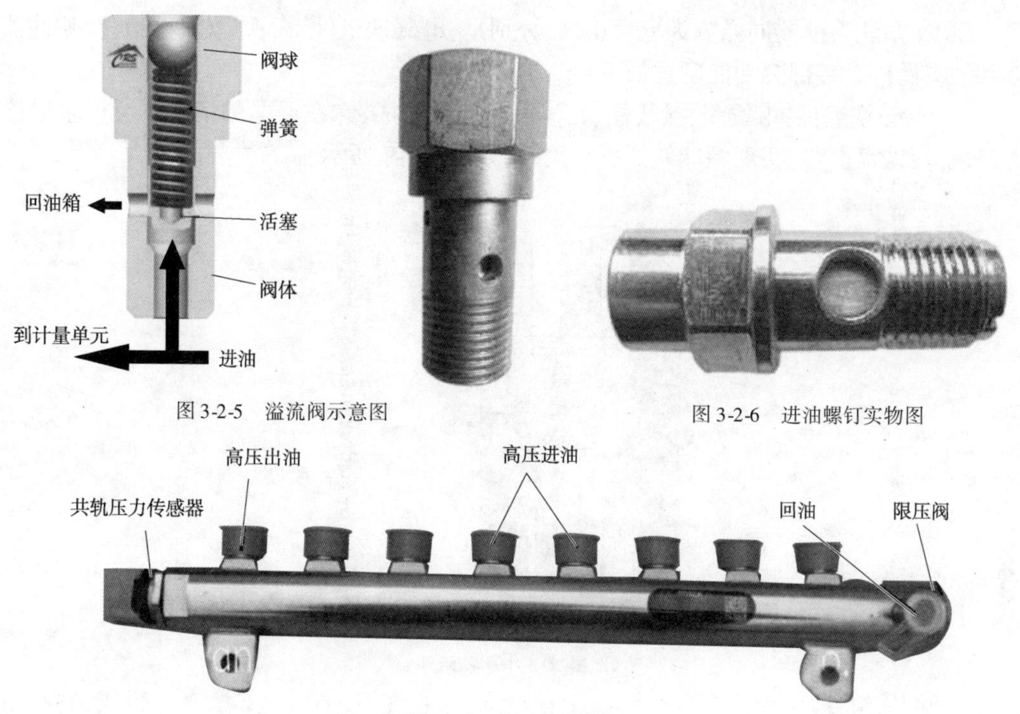


图 3-2-5　溢流阀示意图

图 3-2-6　进油螺钉实物图

图 3-2-7　商用车共轨管

3. 商用车共轨喷油器 CRIN

目前我国市场上的 CRIN 喷油器大概有四个型号，分别是 CRIN1、CRIN1.6、CRIN2 和 CRIN3。其中，CRIN2 和 CRIN3 的结构相类似，只是某些零部件的几何尺寸有所缩放，如图 3-2-8 所示。

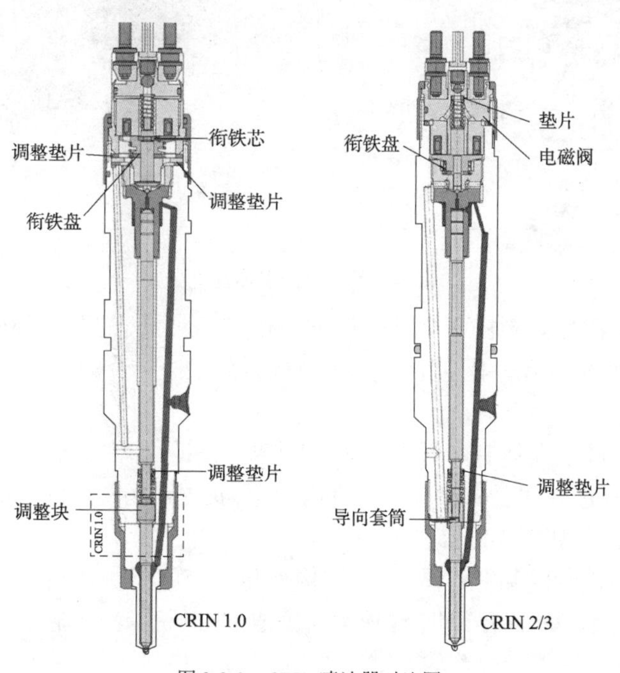


图 3-2-8　CRIN 喷油器对比图

CRIN 共轨喷油器同样分为五大组件，分别是：电磁铁组件、衔铁组件、阀组件、喷油器体和油嘴偶件。各部分功能阐述如下：

(1)电磁铁组件：由线圈、接线柱、壳体等几部分组成，它在通电的情况下会产生电磁力，吸引衔铁盘上移，实现阀球的开启与关闭，如图3-2-9所示。

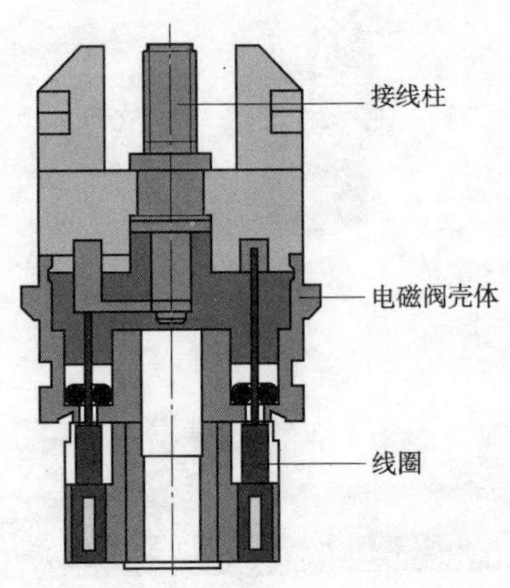


图3-2-9　电磁铁组件

(2)衔铁组件：由衔铁芯、衔铁盘、衔铁导向、缓冲垫片、阀球、支承座等组成，它在电磁力的作用下上下运动，是控制喷油器喷射与否的控制部件之一，如图3-2-10所示。

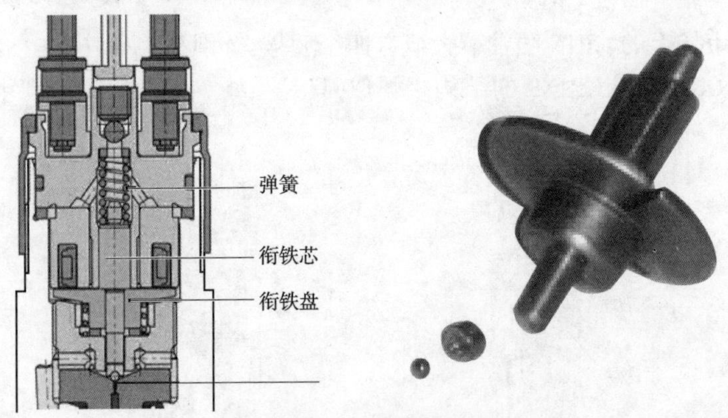


图3-2-10　衔铁组件结构图

(3)阀组件：由阀座和阀杆两个部件偶配而成，二者之间的配合间隙仅3～6μm。阀座上有两个微小的节流孔。阀组件是控制喷油器喷射与否的主要运动部件之一，如图3-2-11所示。

(4)喷油器体：喷油器体有高低压油道，是主要的承压部件。根据喷油器体外型的不同，喷油器可分为外进外回、外进内回、内进内回等，我国市场常用的是四气门的内进内回和两气门的外进外回，如图3-2-12所示。

(5)油嘴偶件：由针阀和针阀体组成，结构上与传统的机械油嘴无异。只是配合间隙更小(约2.5μm)，喷孔的加工更讲究(液力研磨成倒锥形孔等)。它负责向燃烧室内喷油器，是实现精确喷射、油雾形成等的关键部件，如图3-2-13所示。

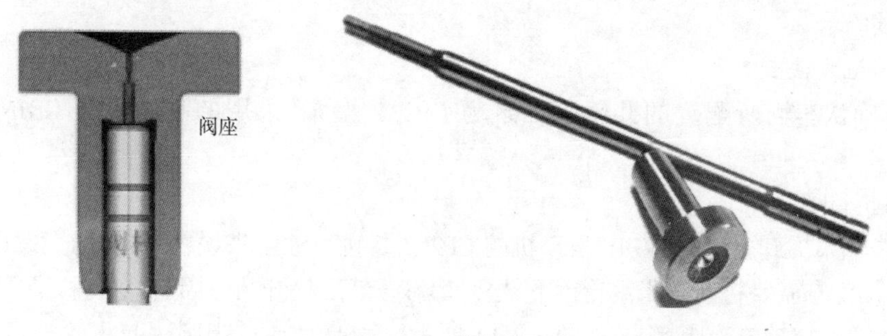


图 3-2-11　阀组件

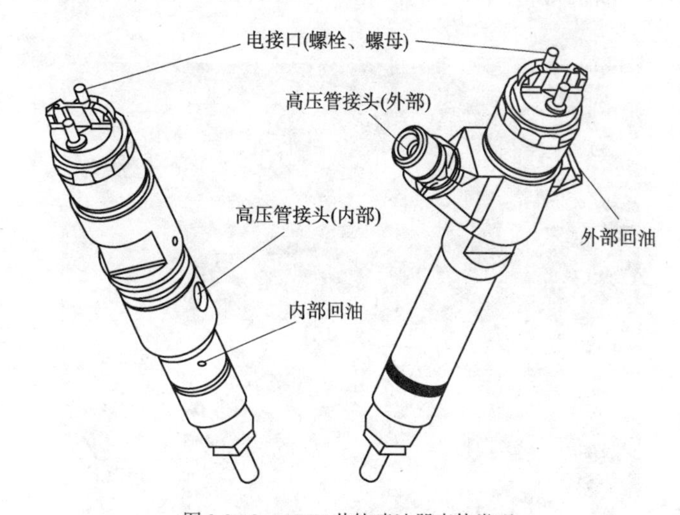


图 3-2-12　CRIN 共轨喷油器壳体类型

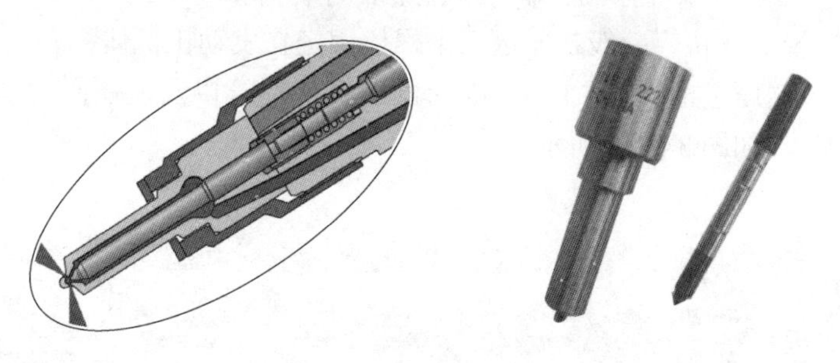

图 3-2-13　CRIN 共轨喷油器嘴头

## 任务实施

1. 分析

车辆燃油系统无法产生高压压力，在确定低压油路没有问题的前提下，要从基本的几个地方排除问题：首先是油泵是否能够产生压力，其次是共轨管是否泄压，最后要检查共轨喷油器是否泄压。

2. 工具装备

套装工具，共轨喷油泵拆装专用工具，共轨喷油器拆装专用工具，CP2.2 专用共轨系统检测试验台。

3. 实施方法

(1)确认车辆所配置的共轨喷油泵为 CP2.2 型泵,采用的是内置的 CRIN 型共轨喷油器。

(2)拆卸部分。

①共轨泵拆卸。针对 WP10 发动机的 CP2.2 共轨喷油泵来说,其锁轴的大螺母处于齿轮室内部,首先需要将前方张紧轮拆下,松开螺母。然后松开凸缘固定螺栓、机油管、高压油管、进回油管,拔掉电磁阀接头,如图 3-2-14 所示。该泵是通过半圆键与齿轮连接,安装时要特别注意。有部分油泵是将油泵连同齿轮一起取下,拆装时需注意油泵的正时位置。

图 3-2-14 高压共轨油泵在发动机上的固定

②拆卸共轨管。共轨管一般是通过三个螺栓固定在发动机机体上。只需要将固定螺栓松开,同时松开高压进油管,通往共轨喷油器的高压油管以及泄压阀的油管,然后拔掉轨压传感器的连线,如图 3-2-15 所示。

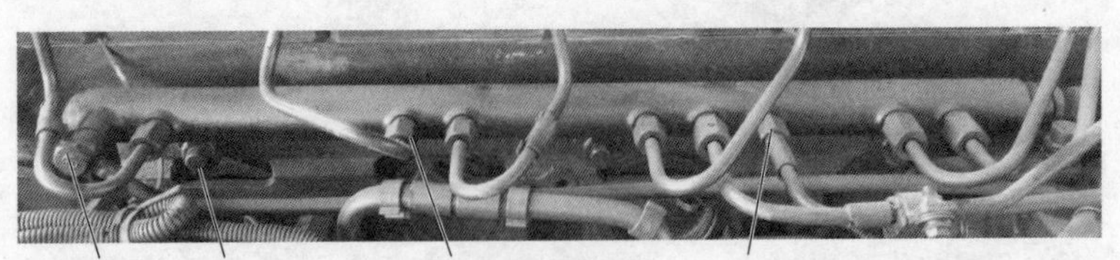


图 3-2-15 共轨管在发动机上的固定

③拆卸 CRIN 共轨喷油器。首先拆开发动机的气门盖,松掉 CRIN 喷油器电磁阀螺栓和共轨喷油器压板螺栓,如图 3-2-16 所示。松开高压油管,松开 CRIN 喷油器导杆锁紧螺栓,先将喷油器导杆拔出,如图 3-2-17 所示,然后,然后使用专用工具拉拔喷油器。

(3)拆解与清洗。

①共轨喷油泵的拆装步骤。

a. 工具准备。带台钳的工作台及专用工具。

图 3-2-16　共轨喷油器的压紧螺母

图 3-2-17　CRIN 共轨喷油器在发动机机体上的位置

b. 松开固定计量单元的三颗螺栓，取下计量单元。测量计量单元电子值为 2.5～3.5Ω。观察计量单元进出油口有无杂质。螺栓拧紧力矩为 6～7N·m。松开凸轮轴传感器固定螺丝。螺栓拧紧力矩为 7～9N·m。

c. 松开固定齿轮泵的四颗螺栓，左右晃动，取出齿轮泵。注意有机油流出，保持清洁。松开齿轮泵盖面四颗螺栓。注意观察驱动轴与驱动齿轮的磨损情况。拧紧力矩均为7～9N·m。

d. 松开溢流阀，检查是否卡死。

e. 松开滚轮体保持器闷堵螺栓，使用专用工具转动凸轮轴，当内部凸轮处于上止点时，正面插入滚轮体保持器，并转动 90°。最终使轴能够顺利转动。拧紧力矩为 12～15N·m。同时松开内部齿轮处的紧固螺栓，拧紧力矩为 120N·m。

f. 松开柱塞紧固螺栓，用工具拔出柱塞套，取出壳体内部的柱塞，注意一一对应。拆开柱塞出油阀紧座，依次取出内部进出油阀和弹簧。观察其磨损情况，拧紧力矩为 55N·m。

g. 首先使用两颗一定长度的螺栓固定住喷油泵中壳，然后依次松开驱动端轴承盖固定螺栓，使用专用工具拉拔出驱动端轴承盖。拧紧力矩为 16～20N·m。

h. 松开喷油泵中壳的两颗固定螺栓，用胶锤敲击驱动轴，可同时取出内部齿轮，中间壳体及驱动轴。注意内部齿轮的半圆键。

i 使用专用工具压缩滚轮体，取出保持器，松开专用工具即可依次取出滚轮体，弹簧上下座和弹簧。

j. 将柱塞夹装在台钳上，松开出油阀接头，依次取出进出油阀，观察其锥面密封和有无发卡现象。出油阀接头拧紧力矩 120N·m。

k. 对各个部件进行清洗后，按拆解的顺序反过来一步步安装。

②共轨管的拆解与清洗。共轨管的拆解主要是针对内部管路的清洗，包括各个高压油管的清洗。使用清洁干净的压缩空气清洗即可，必要时可将轨压传感器和限压阀拆下后清洗。轨压传感器的安装扭矩为 25NM，限压阀安装扭矩为 45N·m。

③共轨喷油器的拆装与清洗。

a. 工具准备。带拆装台架的工作台，专用拆装工具，专用测量工具。

b. 取出共轨喷油器嘴头处的铜垫片，确认其厚度。安装时要更换新的相同厚度的垫片。

c.将共轨喷油器按照正确的方法进行夹装,如图 3-2-18 所示。松开油嘴压帽。依次取出内部构件。特别注意与 CRI 共轨喷油器结构不同之处,如图 3-2-19 所示。

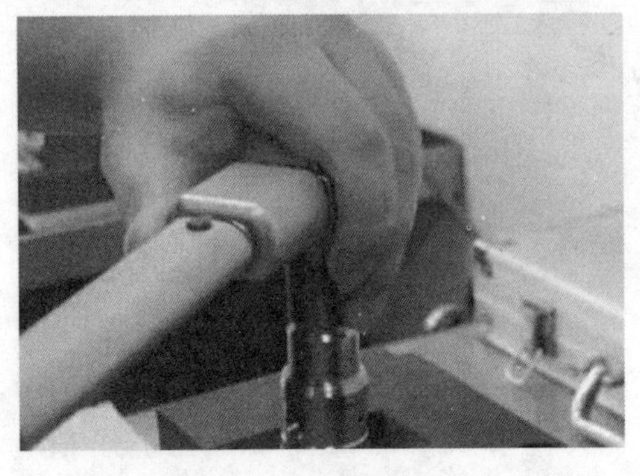

图 3-2-18　共轨喷油器嘴头拆装

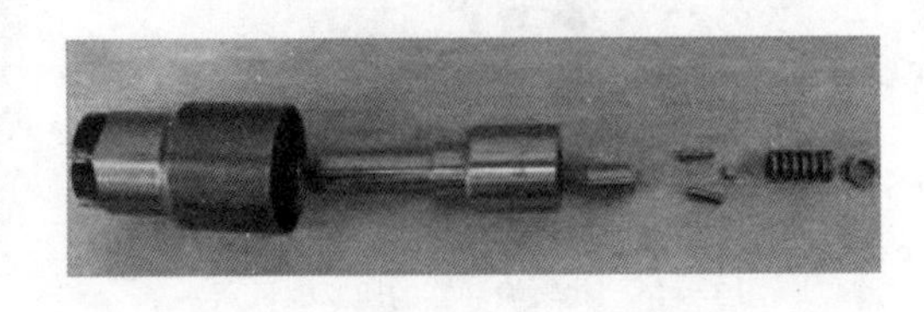

图 3-2-19　共轨喷油器嘴头偶件

d.将喷油器电磁阀朝上方夹装,使用专用工具对喷油器电磁阀进行拆解。拆之前注意电磁阀接头与高压接头之间的角度,如图 3-2-20a)所示。松开电磁阀。取下电磁阀及内部调整垫片和弹簧,如图 3-2-20b)所示。

a)松开电磁阀压帽

b)取出弹簧

图 3-2-20　拆解 CRIN 喷油器电磁阀

e.取出枢轴。如图 3-2-21a)所示。注意钢球及钢球座,小心存放,如图 3-2-21b)所示。取出内部构件,如图 3-2-21c)所示。

a)观察内部结构

b)取出枢轴

图　3-2-21

c)取出缓冲弹簧

图 3-2-21　拆解 CRIN 喷油器衔铁组件

f. 使用专用工具,松开喷油器阀组件锁紧螺母,如图 3-2-22 所示。

图 3-2-22　阀组件锁紧螺母拆装

g. 与 CRI 喷油器相同,从喷油器嘴头方向将喷油器阀组件顶出,然后取出密封圈和支撑环。

h. 观察各部件的磨损情况,尤其是喷油器嘴头及阀组件座面孔,出现磨损即需更换。将部件初步清洗后放入超声波清洗机内,清洗 15min 以上,然后取出,用干净的燃油二次清洗。之后,将部件及所需更换零件统一放入干净的盘内,准备安装,如图 3-2-23 所示。

i. 使用专用工具安装密封圈和支撑环,如图 3-2-24 所示。特别注意,支撑环的翘边向上方安装。

j. 在喷油器嘴头位置装上专用的保护装置后,将阀组件从上方放入喷油器壳体内,用专用压入工具将阀组件压到壳体内,如图 3-2-25 所示。

k. 依次放入钢球、钢球座到阀组件锥面孔上,放入锁紧螺母,使用专用工具拧紧。拧紧力矩为 55 ~65N · m,如图 3-2-26 所示。拧紧力矩过大或过小都会对喷油器最终的喷油量造成影响。

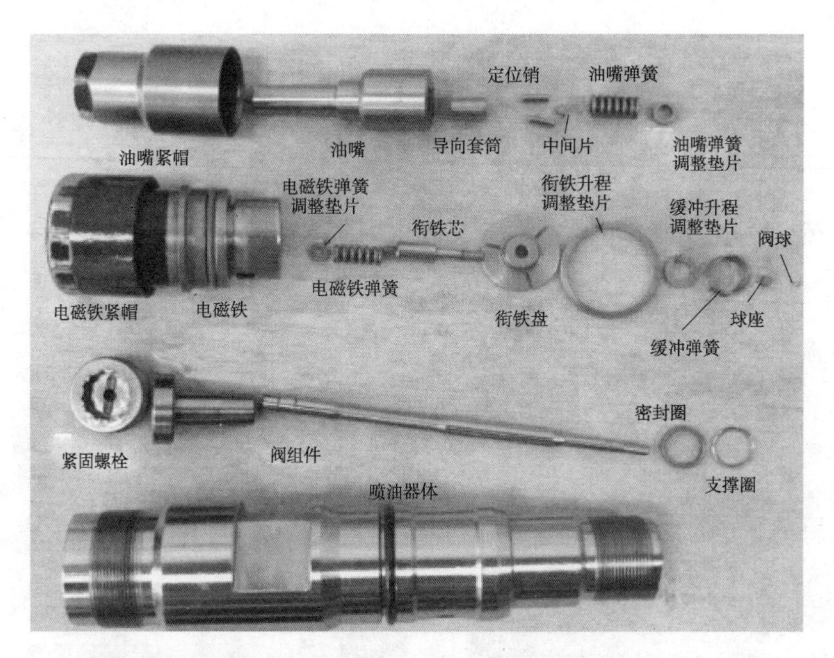


图 3-2-23　CRIN 共轨喷油器部件结构图

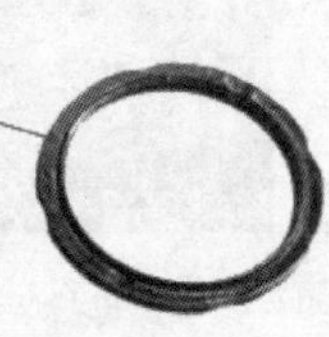

图 3-2-24　CRIN 喷油器安装密封圈和支撑环

图 3-2-25　CRIN 喷油器阀组件的安装

a)安装阀球

b)安装阀球座

图　3-2-26

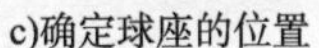

c)确定球座的位置

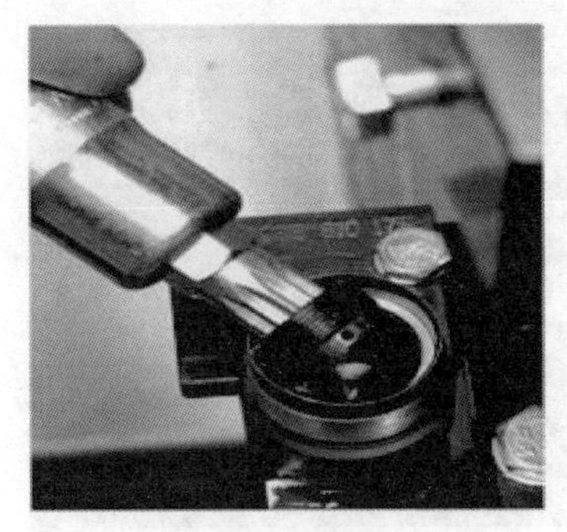

d)安装锁紧螺母

图 3-2-26　CRIN 喷油器阀组件锁紧螺母的安装

l. 安装调整垫片、弹簧、衔铁盘。在电磁阀内放入垫片和弹簧后，将电磁阀安装到喷油器上，如图 3-2-27 所示。使用专用工具将电磁阀拧紧，拧紧力矩为 30～45N · m。

a)安装衔铁盘

b)安装枢轴

c)安装调整垫片

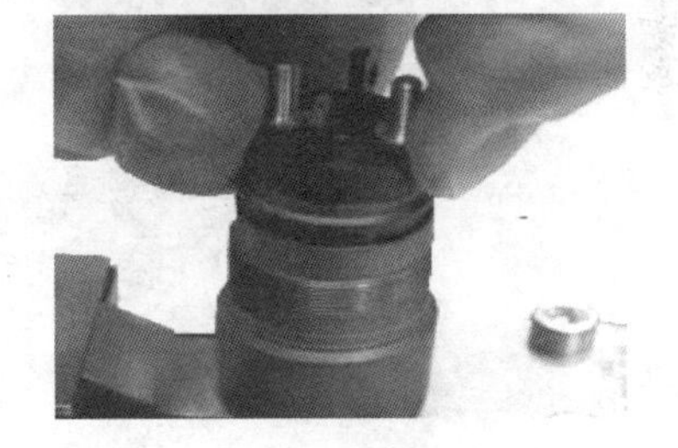

d)安装电磁阀

图 3-2-27　CRIN 喷油器电磁阀的安装

将喷油器体倒置，依次放入垫片、弹簧、导向套、针阀行程调整垫片，定位销和嘴头，拧紧油嘴压帽，拧紧力矩为 60N · m，如图 3-2-28 所示。

在整个喷油器安装过程中，为保证喷油器的精确性，必要时可以对喷油器内部衔铁升程、空气余隙、电磁阀弹簧力、针阀升程等参数进行测量，具体操作步骤参考配套的课程资源。

(4)共轨喷油泵及喷油器的检测。

①共轨喷油泵的检测。

a. 试验台的准备和了解：试验台的结构基本与检测 CP3.3 共轨泵一样。

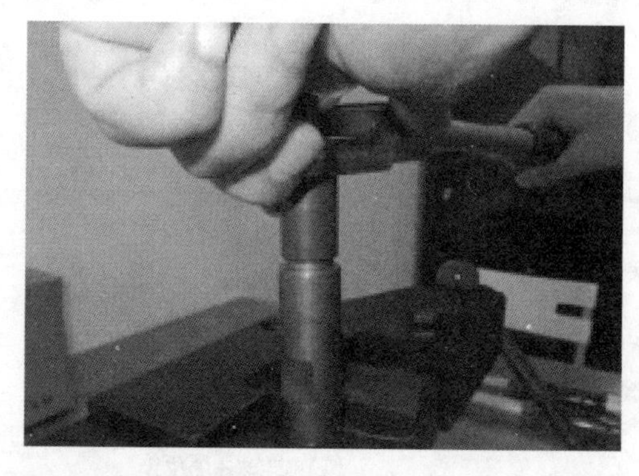

图 3-2-28　CRIN 喷油器嘴头部分的安装

b. 共轨泵在试验台上的安装:选择合适的联轴器、凸缘盘,将高压泵连接到试验台飞轮上。

c. 高压泵在试验台上的连接:试验台上的进油管连接到共轨油泵齿轮泵的进油口,齿轮泵的出油口连接到压力表上,然后接入共轨油泵的进油口。回油管连接到油泵的回油口。共轨油泵的高压出油口和试验台的共轨管连接。选择正确的电气端口连接,如图 3-2-29所示。

图 3-2-29　高压泵的管路连接

d. 高压油泵的检测:打开试验台进入应用菜单界面,选择正确的应用软件。然后输入高压泵对应的编号,选择检测程序。按 < F8 > 确定开始检测。在检测开始后并在自动功能已开启的情况下,在达到规定额定值后,立即开始等待时间或测量时间。到达时间后,系统软件自动切换到下一检测步骤并同时保存测量结果。如果达到最后检测步骤并且测量时间已到,试验台关闭并且检测结束。可存储数据并且调出历史数据。

②CRIN 共轨喷油器的检测。

a. CRIN 共轨喷油器在试验台上的安装。由于检测共轨喷油器需要试验台提供一个较高的压力，因此在检测喷油器的套件内配备了一台测试用的标准泵，该泵的连接方式与检测 CP3.3 高压泵的连接方式相同。CRIN 共轨喷油器需要通过一个支架安装到试验台上。基本连接与 CRIN 喷油器连接方式相同。

b. 共轨泵在试验台上的连接。选择正确的回油管接头、油量适配器以及高压连接头，将高压泵 CRIN 共轨喷油器安装到支架上。如图 3-2-30、图 3-2-31 所示。

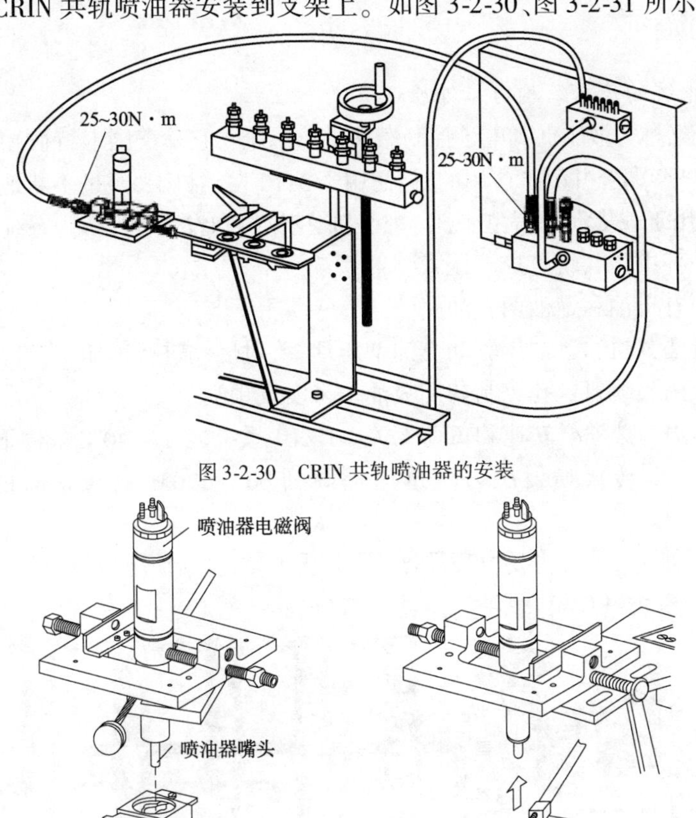


图 3-2-30　CRIN 共轨喷油器的安装

图 3-2-31　CRIN 共轨喷油器喷油量收集及回油的安装

c. 共轨喷油器的检测。打开试验台进入应用菜单界面，选择正确的应用软件。然后输入共轨喷油器对应的编号，选择检测程序。按 < F8 > 确定开始检测。在检测开始后并在自动功能已开启的情况下，在达到规定额定值后，立即开始等待时间或测量时间。到达时间后，系统软件 EPS945 自动切换到下一检测步骤并同时保存测量结果。如果达到最后检测步骤并且测量时间已到，EPS708 关闭并且检测结束。按 < F12 > 可以调出测量记录。通过 < F4 > 可存储数据并且调出历史。

(5) 共轨喷油泵及喷油器车辆上的安装。

①将检测正常的共轨喷油泵和共轨管装好附件，按与拆卸相反的顺序安装。

②CRIN 共轨喷油器的安装。内置喷油器必须按照一定的安装顺序来安装，否则会使喷油器导杆产生损坏，从而产生一系列的问题。

a. 将喷油器插入到安装孔位内,用扳手对固定喷油器的螺栓进行预紧,压紧喷油器。

b. 完全松开固定喷油器的螺栓后,装入喷油器导杆。

c. 对喷油器进行预紧。同时按照规定力矩 47 ~ 55N · m 紧固喷油器固定螺栓,将喷油器再次压紧。最后按规定力矩(50 ~ 55N · m)拧紧喷油器导杆。

中压共轨系统的基本结构与工作原理

HEUI 系统又称为液压促动电子控制燃油供给系统。它是美国卡特彼勒与那威斯塔万国运输公司 1987 年研究并生产应用的,最初用于 3116 发动机上,经过不断地对系统进行改进,现被广泛应用于载货汽车、大型拖车、推土机、挖掘机和农业机械等。系统主要特点是:

(1)它是一种中压共轨电控液压式喷射系统。

(2)系统中有机油和燃油两套油路。

(3)采用机油共轨油道油压驱动燃油增压活塞,对燃油进行增压,实现高压喷油。

(4)通过采用预喷射量孔控制初期喷油率来实现预喷。

(5)喷油压力与柴油机转速和负荷无关。HEUI 系统能在 -40℃ 条件下起动,起动时间只有 30ms(1 ~ 2 转),喷射压力可迅速提高到 30 ~ 120MPa,正常时的喷射压力可达 150MPa。

如图 3-2-32 所示,系统主要由喷油器、液压泵、喷油器驱动压力控制阀 IAPCV、IAP 传感器、管路、电控模块(ECM)、燃油滤清器等组成。

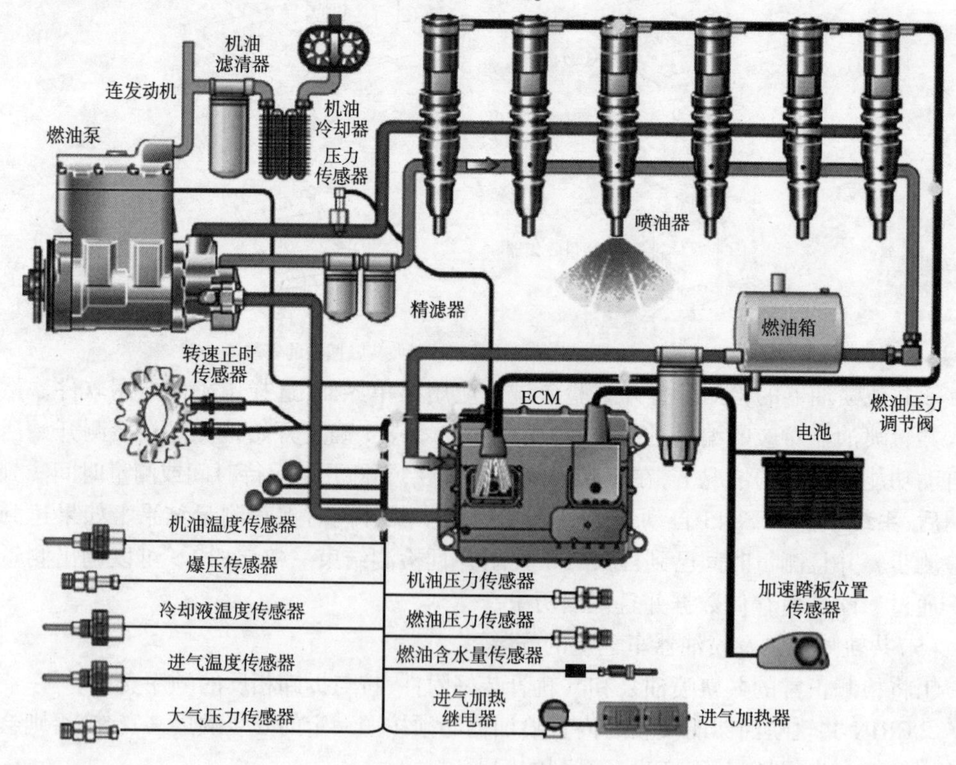


图 3-2-32　HEUI 系统图

1)喷油器

(1)喷油器结构。如图3-2-33所示是HEUI喷油器结构示意图,它由电磁线圈、提升阀、增压活塞、增压柱塞、柱塞复位弹簧、止回阀、喷油柱塞、喷油嘴、回油阀等组成。

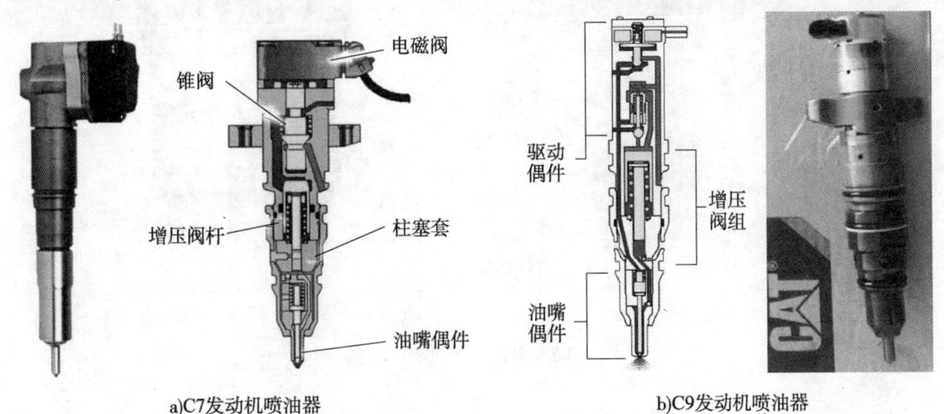


图3-2-33　HEUI喷油器结构图

(2)电磁阀。喷油器上方1/3的部分主要包括电磁阀、衔铁和锥阀。衔铁与锥阀连在一起。通电的情况下电磁阀产生强有力的电磁力吸引衔铁向上运动,衔铁进而带动锥阀向上抬起,锥阀下座打开,高压驱动机油进入喷油器推动增压阀活塞。同时,锥阀上座关闭,阻止驱动机油泄漏出喷油器,如图3-2-34所示。

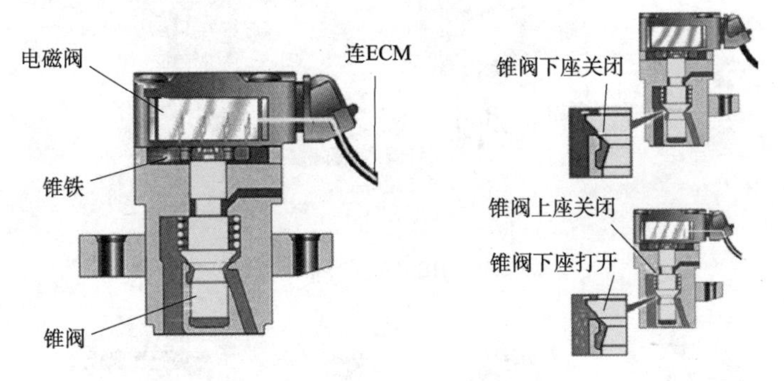


图3-2-34　HEUI喷油器电磁阀

(3)增压阀。HEUI喷油器中部包括增压活塞、柱塞顶杆和柱塞顶杆复位弹簧等。增压活塞顶部面积约为柱塞顶杆端面积的6倍。此差异可以将机油压力放大并传输给燃油喷射压力。这就是HEUI实现高压喷射的原理。

如图3-2-35所示,柱塞套与柱塞顶杆偶配在一起。二者像一个医用注射器一样给油嘴泵油。柱塞套与柱塞顶杆是偶配件,间隙仅为3μm左右。因而该组件可以提供极高压力的燃油喷射压力。柱塞套上还加工有一个预喷油道。此油道可在柱塞顶杆下行冲程中顷刻释放燃油,实现喷油器的预喷。

(4)油嘴偶件。HEUI的油嘴其结构与工作原理同其他共轨产品的油嘴类似,如图3-2-36所示。

(5)HEUI喷油过程。喷油过程由五个阶段组成,即喷油预备阶段、先导喷射、延迟、主喷射和结束喷射,如图3-2-37所示。

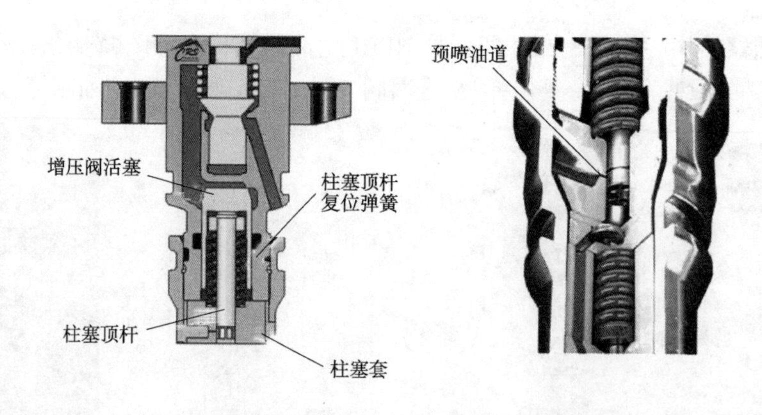


图 3-2-35　HEUI 喷油器增压阀

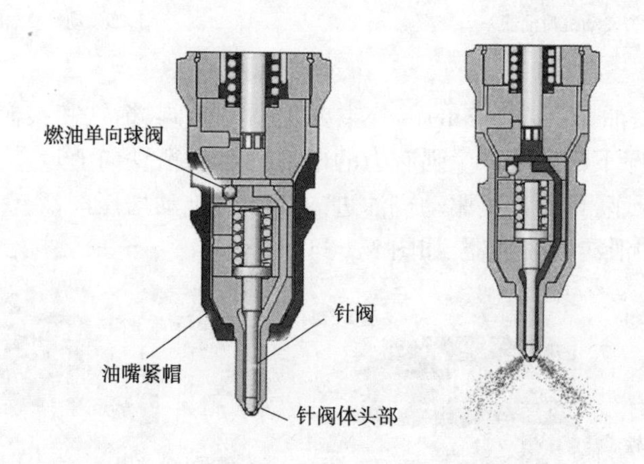


图 3-2-36　HEUI 喷油器油嘴偶件

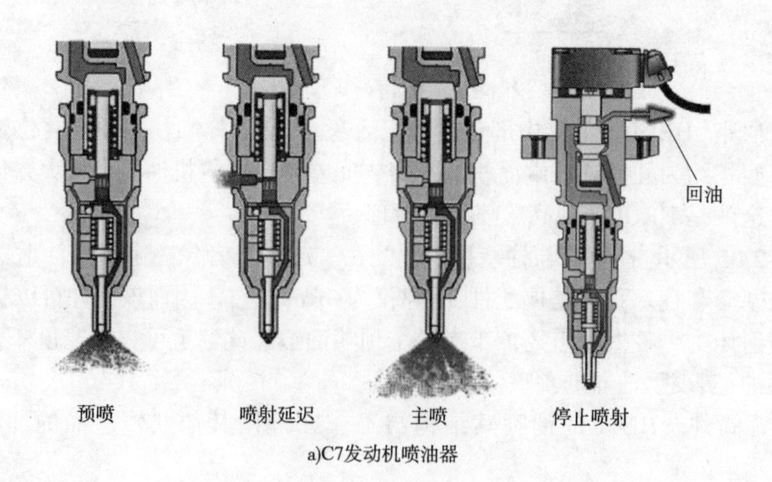


a)C7发动机喷油器

图　3-2-37

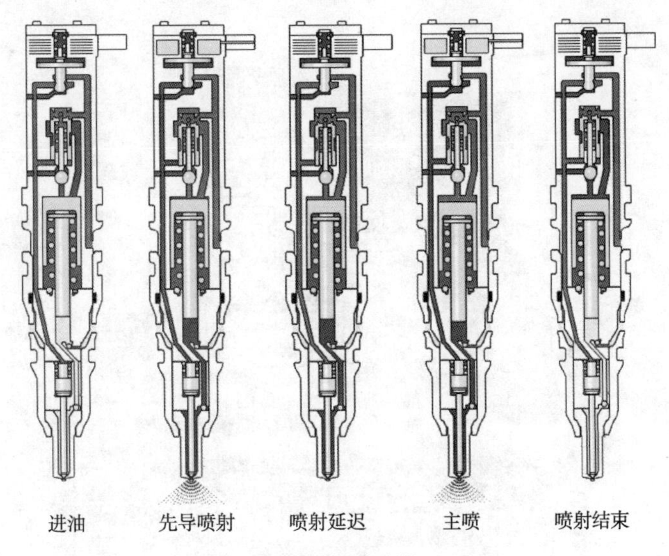


b)C9发动机喷油器

图 3-2-37　HEUI 喷油器工作过程

第一阶段,电磁阀接收到 ECM 的信号,电磁力使提升阀上升,高压油进入增压活塞上部。

第二阶段,增压活塞在压力油作用下与增压柱塞弹簧一起向下运动,油压加到喷油针阀弹簧上。随着压力上升,当油压大于喷油针阀弹簧压力时针阀开启,开始喷油进行先导喷射。

第三阶段,随增压柱塞向下运动,在增压柱塞下端设有一个与燃油相通的环带,当环带与回油阀口连通时,燃油从回油口排出,燃油压力迅速下降,喷油针阀关闭完成先导喷射。

第四阶段,增压柱塞继续向下运动,行程增大,关闭回油口,使燃油压力又一次增高。当压力高于喷油弹簧压力时开始主喷射。

第五阶段,当受 ECM 控制的电磁阀失电后,HEUI 喷油器在三个复位弹簧作用下迅速关断喷油器,结束燃油喷射。增压柱塞复位时形成的负压把燃油吸入喷油器,为下次喷油做好准备,并为发动机缸盖提供机油。

2)液压泵

(1)液压泵结构。液压泵是 HEUI 系统的重要部件,也是结构比较复杂的组件,液压泵由发动机前端的链条驱动,为喷油器提供驱动压力油。蓄压器是一个密封的容器,当发动机停止工作后,蓄压器通过单向阀始终使高压油管注油以利于下次起动,还可以防止空气窜入高压管,如图 3-2-38、图 3-2-39 所示。

油泵里有一个泄压阀,这与其他共轨系统的泄压阀类似,主要是起安全保护作用。

(2)喷射驱动压力阀(IAPCV)。3406E、C-9、C-10、C-12 和 3196 的主要执行器是喷油器和油泵,除此之外,3126B、3408E 和 3412E 还有一个喷射驱动压力阀。

喷射驱动压力阀用来控制 HEUI 的机油压力,它作为 HEUI 泵重要的一个部分安装在外部,以便于维修。

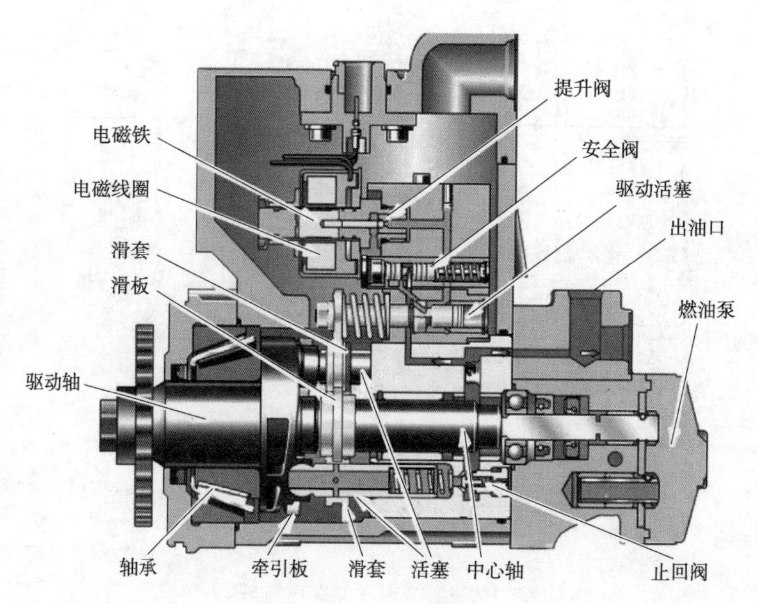


图 3-2-38　液压泵结构图

图 3-2-39　液压泵实物图

与其他共轨系统一样，HEUI 系统也能提供任意发动机转速、任意运行条件所需要的喷射压力，这个通过控制驱动机油的压力来实现。HEUI 机油泵压缩发动机机油，提供给 HEUI 喷油器所需的喷射压力。

喷射驱动压力阀正是装在机油泵上，且用来控制机油的压力，而多余的机油回到油底壳。与油量计量单元类似，喷射驱动压力阀也是由电子驱动，ECM 控制输入的电流从而控制机油压力的大小。电流越大，所提供的机油压力就越高。

3）低压燃油系统

低压系统由燃油滤清器、输油泵、油箱、燃油调节器组成，它的功用一是提供燃油到 HEUI 喷油器给发动机供油；二是提供额外燃油使燃油循环冷却喷油器；三是排出燃油系统中的空气。

（1）燃油输油泵。HEUI 发动机的输油泵与液压泵做成一体，驱动液压泵的驱动轴同时驱动柱塞式输油泵，它由进出油单向阀、柱塞泵和输油管组成。

(2)燃油滤清器。滤清器在燃油系统中非常重要的部件,由粗滤器、细滤器和油水分离器组成。柴油在增压柱塞和柱塞套之间形成油膜,当柴油中有水分时会破坏柱塞表面的油膜,加剧摩擦副之间的磨损,所以必须使用卡特彼勒公司特殊的滤清器。

## 任务训练

学生按照实施过程进行分组训练,训练过程中注意检测步骤、小组协作,完成任务工单。如表3-2-1～表3-2-5所示。

**CP2.2型共轨喷油泵拆装训练任务工单**　　表3-2-1

| 姓名 | | 学号 | | 班级 | | 组别及成员 |
|---|---|---|---|---|---|---|
| 场地 | | 时间 | | 成绩 | | |
| 任务名称 | CP2.2型共轨喷油泵拆装 | | | | | |
| 任务目的 | 能够运用所学知识完成共轨喷油泵拆装,并对零部件进行故障判别 | | | | | |
| 工具、设备准备 | 带台钳的工作台、通用工具、共轨喷油泵拆装专用工具、万用表 | | | | | |
| 信息获取 | | | | | | |
| 任务实施 | | | | | | |
| 任务实施总结 | | | | | | |

**CP2.2型共轨喷油泵检测训练任务工单**　　表3-2-2

| 姓名 | | 学号 | | 班级 | | 组别及成员 |
|---|---|---|---|---|---|---|
| 场地 | | 时间 | | 成绩 | | |
| 任务名称 | CP2.2型共轨喷油泵检测 | | | | | |
| 任务目的 | 能够运用所学知识完成共轨喷油泵在试验台上的安装和检测,并对测试结果进行判别 | | | | | |
| 工具、设备准备 | 通用工具、共轨系统检测试验台 | | | | | |
| 信息获取 | | | | | | |
| 任务实施 | | | | | | |
| 任务实施总结 | | | | | | |

**CRIN共轨喷油器拆装训练任务工单**　　表3-2-3

| 姓名 | | 学号 | | 班级 | | 组别及成员 |
|---|---|---|---|---|---|---|
| 场地 | | 时间 | | 成绩 | | |
| 任务名称 | CRIN共轨喷油器简单拆装 | | | | | |
| 任务目的 | 能够运用所学知识完成CRIN共轨喷油器简单拆装,并对零部件进行故障判别 | | | | | |
| 工具、设备准备 | 带台钳的工作台、通用工具、共轨喷油器拆装专用工具、万用表 | | | | | |

续上表

| 姓名 | | 学号 | | 班级 | | 组别及成员 |
|---|---|---|---|---|---|---|
| 场地 | | 时间 | | 成绩 | | |
| 信息获取 | | | | | | |
| 任务实施 | | | | | | |
| 任务实施总结 | | | | | | |

**CRIN 共轨喷油器内部行程测量训练任务工单**　　表 3-2-4

| 姓名 | | 学号 | | 班级 | | 组别及成员 |
|---|---|---|---|---|---|---|
| 场地 | | 时间 | | 成绩 | | |
| 任务名称 | CRIN 共轨喷油器内部行程测量 | | | | | |
| 任务目的 | 能够运用所学知识完成 CRIN 共轨喷油器内部行程测量的基本操作 | | | | | |
| 工具、设备准备 | 带台钳的工作台、通用工具、共轨喷油器测量专用工具、万用表 | | | | | |
| 信息获取 | | | | | | |
| 任务实施 | | | | | | |
| 任务实施总结 | | | | | | |

**CRIN 共轨喷油器检测训练任务工单**　　表 3-2-5

| 姓名 | | 学号 | | 班级 | | 组别及成员 |
|---|---|---|---|---|---|---|
| 场地 | | 时间 | | 成绩 | | |
| 任务名称 | CRIN 共轨喷油器的检测 | | | | | |
| 任务目的 | 能够运用所学知识完成 CRIN 共轨喷油器在试验台上的安装和检测,并对测试结果进行判别 | | | | | |
| 工具、设备准备 | 通用工具、共轨系统检测试验台 | | | | | |
| 信息获取 | | | | | | |
| 任务实施 | | | | | | |
| 任务实施总结 | | | | | | |

为促进学生的学习以及对专业技能的掌握，建立以指导教师评价、小组评价、学生自评为主导的实训评价体系，依据各方对学生的知识、技能和学习能力、学习态度等情况的综合评定，认定学生的专业技能课成绩，如表3-2-6～表3-2-10所示。

**CP2.2共轨喷油泵拆装训练评价表** 表3-2-6

| 考核单元 | | 考核内容 | 分值 | 自评 | 组评 | 师评 |
|---|---|---|---|---|---|---|
| 行为规范 | | 课堂纪律、学习态度、学习兴趣等方面 | 20 | | | |
| 考核 | 技能考核 | 共轨喷油泵整体结构认知 | 20 | | | |
| | | 能够运用所学知识对指定的共轨喷油泵拆装 | 40 | | | |
| | | 熟练判别共轨喷油泵零部件的故障点 | 10 | | | |
| | 理论考核 | 阐述CP2.2共轨喷油泵工作原理 | 10 | | | |
| | 综合测评 | | □优秀 □良好 □合格 □不合格<br>教师签字： | | | |

**CP2.2共轨喷油泵检测训练评价表** 表3-2-7

| 考核单元 | | 考核内容 | 分值 | 自评 | 组评 | 师评 |
|---|---|---|---|---|---|---|
| 行为规范 | | 课堂纪律、学习态度、学习兴趣等方面 | 20 | | | |
| 考核 | 技能考核 | CP2.2共轨检测试验台整体结构认知 | 20 | | | |
| | | 指定的共轨喷油泵在共轨试验台上的安装 | 20 | | | |
| | | 熟练使用试验台对共轨喷油器泵进行检测，并分析结果 | 30 | | | |
| | 理论考核 | 阐述共轨试验台的基本保养 | 10 | | | |
| | 综合测评 | | □优秀 □良好 □合格 □不合格<br>教师签字： | | | |

**CRIN 共轨喷油器拆装训练评价表** 表 3-2-8

| 考核单元 | | 考核内容 | 分值 | 自评 | 组评 | 师评 |
|---|---|---|---|---|---|---|
| 行为规范 | | 课堂纪律、学习态度、学习兴趣等方面 | 20 | | | |
| 考核 | 技能考核 | CRIN 共轨喷油器整体结构认知 | 20 | | | |
| | | 能够运用所学知识对指定的 CRIN 共轨喷油器拆装 | 40 | | | |
| | | 熟练判别 CRIN 共轨喷油器零部件的故障点 | 10 | | | |
| | 理论考核 | 阐述 CRIN 共轨喷油器工作原理 | 10 | | | |
| | 综合测评 | | □优秀 □良好 □合格 □不合格<br>教师签字： | | | |

**CRIN 共轨喷油器内部行程测量训练评价表** 表 3-2-9

| 考核单元 | | 考核内容 | 分值 | 自评 | 组评 | 师评 |
|---|---|---|---|---|---|---|
| 行为规范 | | 课堂纪律、学习态度、学习兴趣等方面 | 20 | | | |
| 考核 | 技能考核 | 测量工具的整体结构认知 | 10 | | | |
| | | 基本工具的使用 | 20 | | | |
| | | 熟练使用测量工具对 CRIN 共轨喷油器进行测量，并分析结果 | 30 | | | |
| | 理论考核 | 阐述 CRIN 共轨喷油器内部行程的定义 | 20 | | | |
| | 综合测评 | | □优秀 □良好 □合格 □不合格<br>教师签字： | | | |

**CRIN 共轨喷油器检测训练评价表** 表 3-2-10

| 考核单元 | | 考核内容 | 分值 | 自评 | 组评 | 师评 |
|---|---|---|---|---|---|---|
| 行为规范 | | 课堂纪律、学习态度、学习兴趣等方面 | 20 | | | |
| 考核 | 技能考核 | 共轨检测试验台整体结构认知 | 20 | | | |
| | | 指定的 CRIN 共轨喷油器在共轨试验台上的安装 | 20 | | | |
| | | 熟练使用试验台对 CRIN 共轨喷油器进行检测，并分析结果 | 30 | | | |
| | 理论考核 | 阐述共轨试验台的基本保养 | 10 | | | |
| | 综合测评 | | □优秀 □良好 □合格 □不合格<br>教师签字： | | | |

## 任务训练

**1. 单项选择题**

(1)博世 CP2.2 高压泵有(　　)个柱塞。

A. 2　　B. 3　　C. 4　　D. 6

(2)博世 CP2.2 共轨喷油泵计量单元不通电时为(　　)。

A. 常开　　B. 常闭　　C. 半开半闭

(3)博世 CP2.2 高压泵齿轮泵的工作压力为(　　)。

A. 0.1 ~0.3MPa　　B. 0.45 ~0.6MPa　　C. 1 ~2MPa　　D. 10MPa

**2. 多项选择题**

(1)CP2.2 型高压油泵主要由(　　)组成。

A. 柱塞整体　　B. 柱塞弹簧和滚轮体

C. 凸轮轴　　D. 泵体

(2)CRIN 共轨喷油器结构内部包含(　　)。

A. 电磁铁组件　　B. 衔铁组件　　C. 阀组件　　D. 油嘴偶件

(3)目前我国市场上的 CRIN 喷油器大概包括(　　)。

A. CRIN1　　B. CRIN1.6　　C. CRIN2　　D. CRIN3

(4)根据喷油器体外型的不同,喷油器可分为(　　)等。

A. 外进外回　　B. 外进内回　　C. 内进内回　　D. 内进外回

**3. 判断题**

(1)博世 CP2.2 共轨喷油泵的柱塞可以相互更换。　　(　　)

(2)博世 CP2.2 共轨喷油泵的进油螺钉滤网无关紧要,可以去掉。　　(　　)

(3) 喷油器在安装的过程中,必须保证清洁的环境。　　(　　)

**4. 分析题**

(1)简单描述 CP2.2 共轨喷油泵柱塞工作过程。

(2)分别写出喷油器在安装过程中阀组锁紧螺母、电磁阀锁紧螺母、油嘴锁紧螺母的拧紧力矩。

# 模块小结

本模块学习了共轨燃油喷射系统的检修,主要包括:博世 CP1、CP2.2、CP3 共轨喷油泵的结构与原理,CRI 喷油器的基本结构和原理,CRIN 喷油器的基本结构和原理,试验台的基本结构和使用方法。通过对可能故障原因的分析,最终达到能够熟练使用工具进行拆解、装配、维修的目的。

# 学习模块4　商用车后处理系统的检修

## 模块概述

为贯彻《中华人民共和国大气污染防治法》，严格控制机动车污染，全面实施《轻型汽车污染物排放限值及测量方法(中国第五阶段)》，经国务院同意，分区域实施机动车国五标准：

(1)东部11省、直辖市(北京市、天津市、河北省、辽宁省、上海市、江苏省、浙江省、福建省、山东省、广东省和海南省)自2016年4月1日起，所有进口、销售和注册登记的轻型汽油车、轻型柴油客车、重型柴油车(仅公交、环卫、邮政用途)，须符合国五标准要求。

(2)全国自2017年1月1日起，所有制造、进口、销售和注册登记的轻型汽油车、重型柴油车(客车和公交、环卫、邮政用途)，须符合国五标准要求。

(3)全国自2017年7月1日起，所有制造、进口、销售和注册登记的重型柴油车，须符合国五标准要求。

(4)全国自2018年1月1日起，所有制造、进口、销售和注册登记的轻型柴油车，须符合国五标准要求。

随着柴油机排放法规的日益严格，柴油机后处理技术已经成为满足国四及以上排放标准必须采用的技术措施。目前，在柴油机上广泛应用的技术路线主要有两种，即EGR(Exhaust Gas Recirculation)+DOC+DPF(Diesel Particulate Filter)/POC技术路线和SCR(Selective选择、Catalytic催化、Reduction还原)技术路线。我国主要采用了后一种处理模式，即SCR技术路线。

EGR+DPF技术路线对PM与$NO_x$的处理过程与SCR技术路线恰好相反，即先通过废气再循环降低$NO_x$的排放量，然后再用DPF处理废气中的PM。

SCR技术路线先通过机内燃烧优化降低PM排放量，提高燃油经济性，然后再通过SCR后处理系统来处理柴油机废气中的$NO_x$，从而满足国四或更高排放标准。

**【建议学时】**

18课时。

## 学习任务4.1　博世DeNox2.2后处理系统的检修

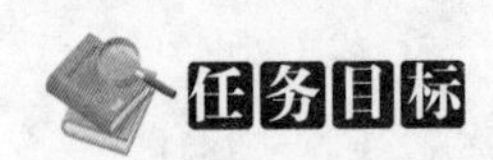

(1)掌握博世DeNox2.2后处理系统的基本构成。

(2)掌握博世 DeNox2.2 后处理系统故障的处理。

一辆陕汽重卡德龙新 M3000 牵引车,配潍柴 WP10.336E40 发动机、EDC17CV44 的 ECU,后处理是博世 DeNox2.2 后处理系统,行驶里程约 6 万 km。现发生动力不足,故障灯、OBD 灯点亮,尿素消耗较少问题。要求对车辆进行检查。

1.后处理系统的类型

SCR 后处理系统依据其驱动形式大可分为三类:以博世 DeNOx2.2 为代表的液力驱动式,在商用车领域其应用也最为广泛;以依米泰克、康明斯 ECOFIT、三立为代表的空气辅助式;以及以一汽自主后处理为代表的气驱式。

2.博世 DeNOx2.2 后处理系统

博世的 DeNOx 系统在我国市场上应用广泛的类型主要分为 DeNOx2.0、DeNOx2.2 和 DeNOx6.5。其中除玉柴配置的是 DeNOx2.0 之外,其他主机厂都配置 DeNOx2.2 和 DeNOx6.5。两种类型的 SCR 系统有较大的不同,其中 DeNOx2.0 的尿素供给泵 SM 和控制器 DCU 集成在一起,采用铝制外壳。而 DeNOx2.2 和 DeNOx6.5 的尿素供给泵 SM 和控制器分开,且尿素泵采用塑料质地外壳。

博世后处理系统 DeNOx2.2 的结构组成:

博世后处理系统 DeNOx2.2 由尿素供给单元、尿素箱、尿素喷射控制器 DCU、温度传感器、$NO_x$ 传感器、喷嘴、催化消声器以及一些线束和管路等组成,如图 4-1-1 所示。基本原理是通过尿素喷射系统(俗称尿素泵)将车用尿素溶液雾化后喷入排气管中与发动机尾气混合,尿素水溶液经过热解和水解反应生成氨气($NH_3$),在催化剂的作用下氨气将柴油机尾气中有害的氮氧化合物($NO_x$)转化为无害的氮气($N_2$)和水。

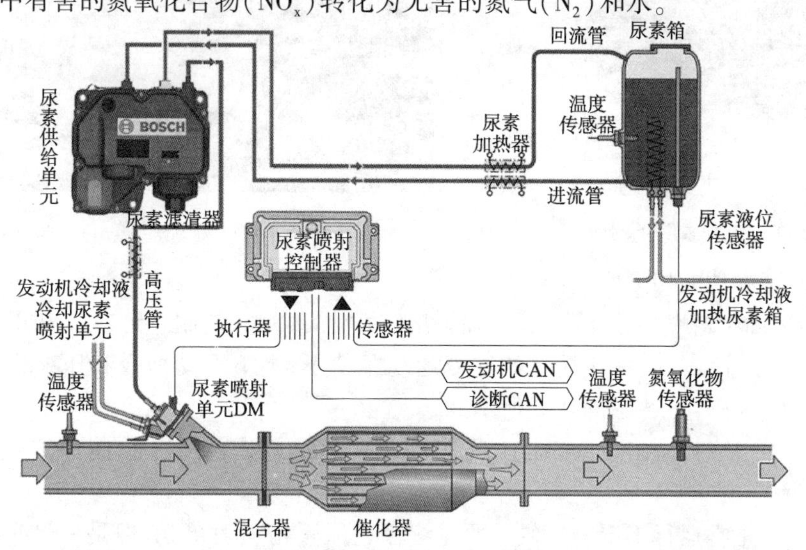


图 4-1-1　后处理系统布局图

车用尿素水溶液(Adblue)又称添蓝溶液,是用于SCR排气后处理系统的国四以上排放标准柴油机的专用还原剂,质量浓度为32.5%的尿素水溶液。

(1)主要零部件。

①尿素箱主要用于存储尿素溶液,如图4-1-2所示。它包含的部件有:

尿素液位传感器:监测尿素箱中剩余尿素量,以提醒驾驶员及时添加尿素溶液。

温度传感器:监测尿素箱中尿素溶液的温度。

冷却液管:尿素箱中有发动机冷却液回流导入,目的是对尿素溶液进行加热,在尿素进流管和回流管外还有电加热器,功能相似,都是防止尿素溶液结晶。

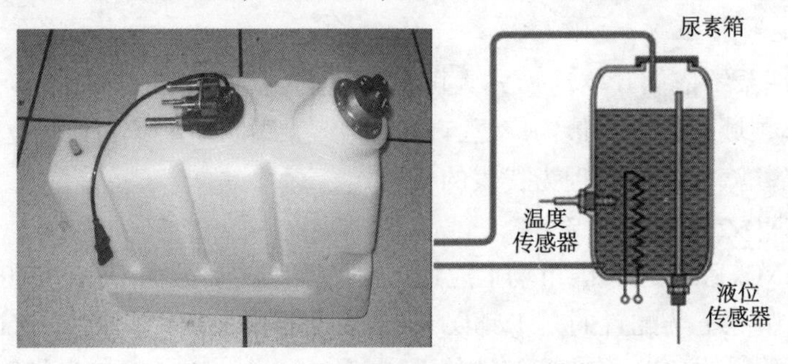


图4-1-2　尿素箱及内部结构

②尿素供给单元SM(Supply Module):简称尿素泵,主要功能是从尿素箱中吸入尿素溶液,并将低压的尿素溶液压缩成9bar左右的高压溶液输送至尿素喷射单元。它由压力传感器、尿素泵、过滤器、换向阀、过滤器电子加热器和引线框组成,如图4-1-3、图4-1-4所示。

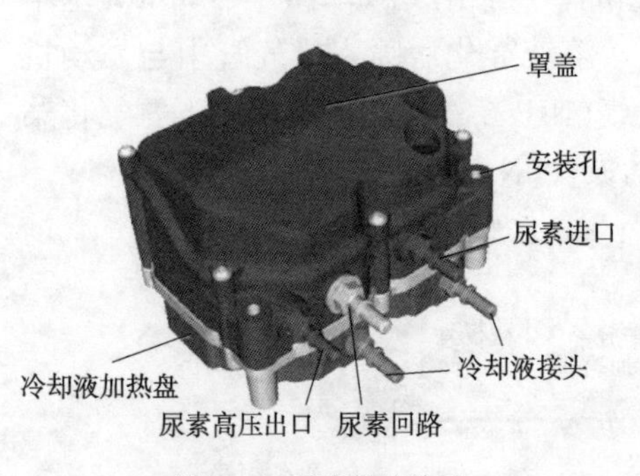


图4-1-3　尿素供给单元

图4-1-4　尿素供给单元(实物)

各部分基本功能如下所述:

压力传感器:监测管路里液流压力,将输出信号反馈给喷射控制单元DCU,供电电压5V。

膜片泵:膜片泵的膜片在活塞的往复运动驱使下,上下运动抽吸和压缩输送尿素溶液,产生高压,如图4-1-5、图4-1-6所示。

反向阀RVV(Reverting Valve):反向阀RVV的作用是用以控制尿素的流向,如图4-1-7所示。

当车辆在正常运行工况的时候需要持续输送尿素给喷射单元,但是一旦车辆停止运行,尿素喷射单元里的残余尿素应该抽回尿素箱,否则里边的残余尿素容易形成结晶而堵塞流动路径，甚至导致内部零部件产生开裂。RVV 正是用来控制尿素溶液流向的。

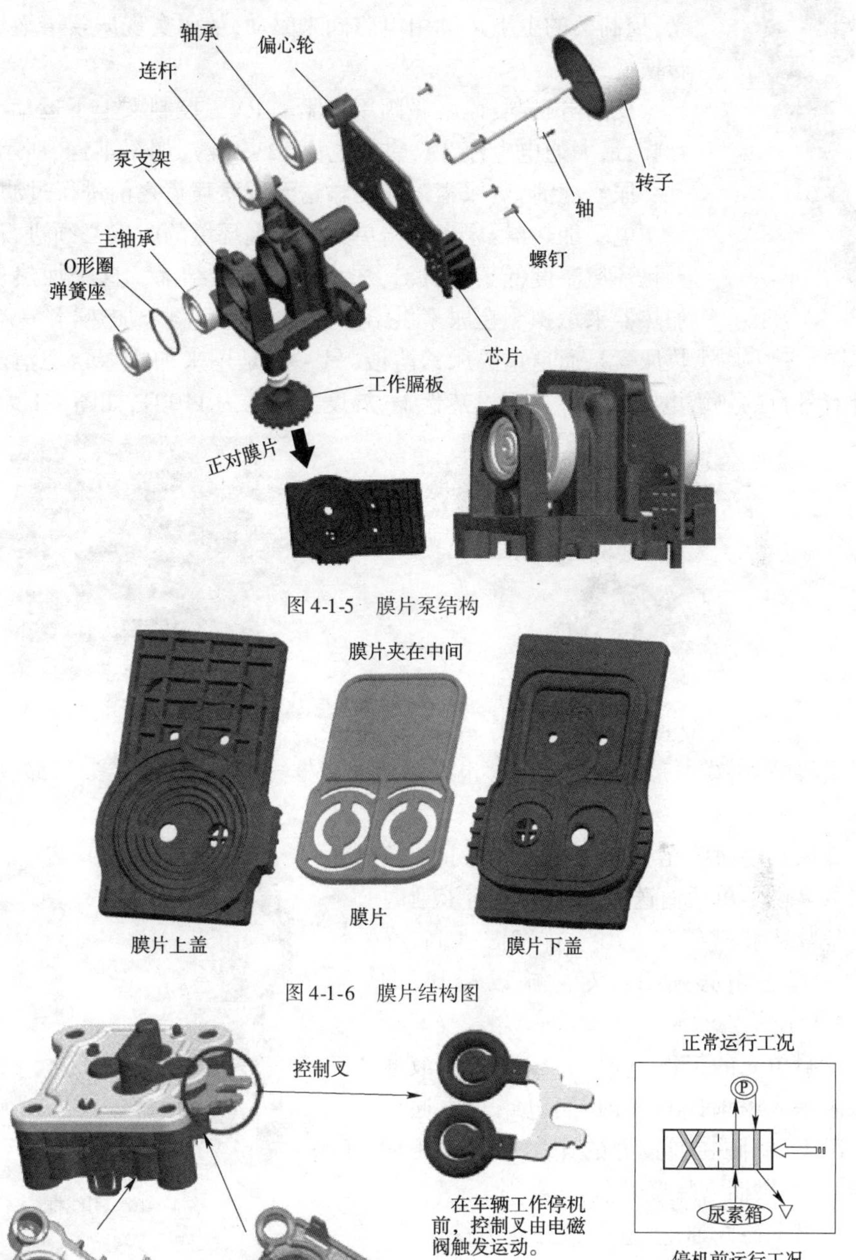


图 4-1-5　膜片泵结构

图 4-1-6　膜片结构图

图 4-1-7　换向阀

对于装 DeNOx 的国四车辆，要求驾驶员在熄火后不要立刻关掉钥匙开关，其目的就

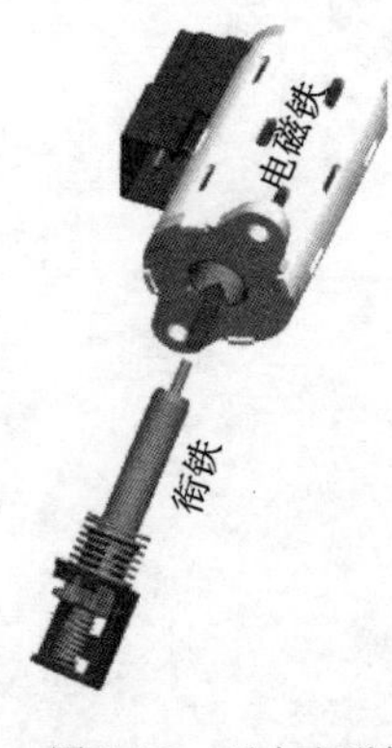

图 4-1-8 反向电磁阀

是需要等待尿素泵里的残余尿素溶液回流结束。RVV 里有一个控制叉,控制叉的上下运动由电磁阀来驱动,从而实现尿素溶液流动方向的转换。

反向电磁阀:该电磁阀用来驱动 RVV 控制叉上下运动。它有两个针脚,最大通电电流 3A,供电电压 12V/24V,如图 4-1-8 所示。

尿素滤清:对尿素溶液在输送到尿素喷嘴之前进行过滤。

电子加热器:尿素供给单元在低温环境的时候必须进行加热,因为一旦环境温度低于 -11℃,尿素溶液就会结晶。这个加热功能由电子加热器来承担。在尿素供给单元里一共有两个加热器,一个是用来加热尿素泵通道里的尿素溶液,另一个是用来加热尿素滤清。两个加热器都有各自的热敏电阻(PTC)进行过热保护,温度上限约为 110℃,如图 4-1-9 所示。

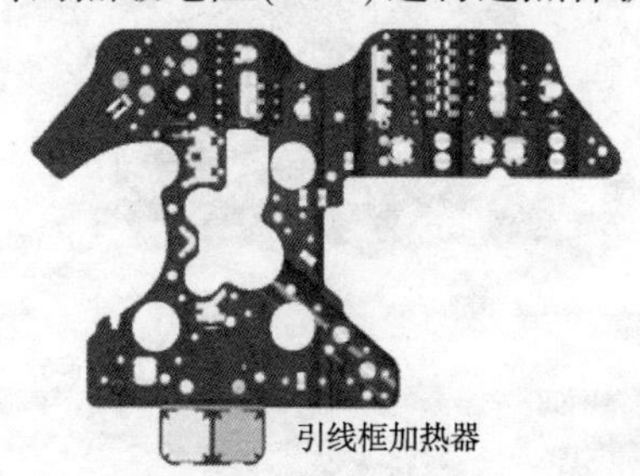

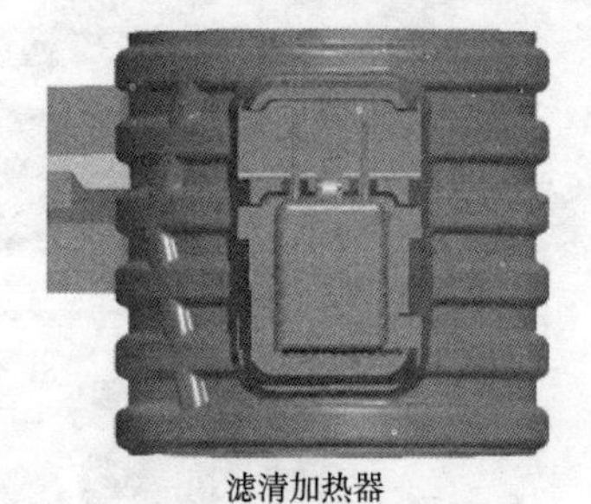

图 4-1-9 加热器

引线框:引线框是尿素供给单元里线路的保护框,所有铜线和接头等都包围在里面,如图 4-1-10 所示。

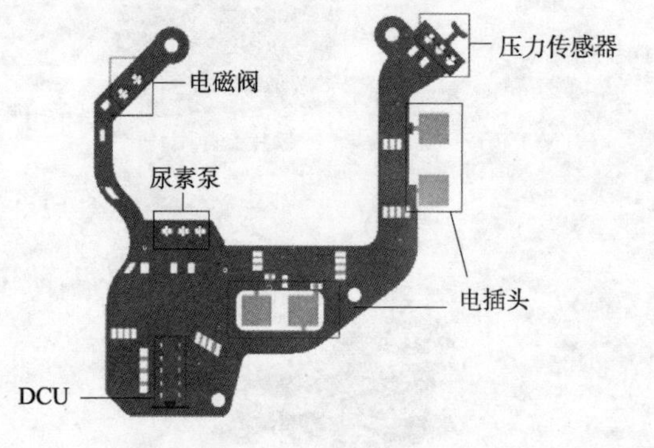

图 4-1-10 引线框

③尿素喷射单元 DM(Dosing Module):负责将尿素供给单元输送过来的尿素溶液适时精准地喷入排气管中。由于排气温度高,在工作过程当中必须随时对之施以冷却,如图 4-1-11所示。

喷射单元的工作原理:高压尿素溶液通过滤芯进入喷射阀壳体内,当电磁阀不通电的情况下,针阀在弹簧力的作用下落座压住密封阀球,进而密封喷射盘,不喷射。

一旦电磁阀通电,电磁力拉动衔铁上行,针阀抬起,高压尿素溶液喷射入排气管。如果电磁阀停止通电,则针阀重新落座,停止尿素喷射,如图 4-1-12 所示。

④尿素喷射控制器 DCU:喷射控制单元又叫 DCU(Dosing Control Unit)。作用是将各传感器反馈过来的信息进行有效整合并对主要执行器 DM 发送指令,以控制尿素喷射的时刻和尿素量,如图 4-1-13 所示。

对于 DeNOx2.2 来说,有的有独立的 DCU,而最新的 EDC17 则将 DCU 整合到发动机 ECU 当中。

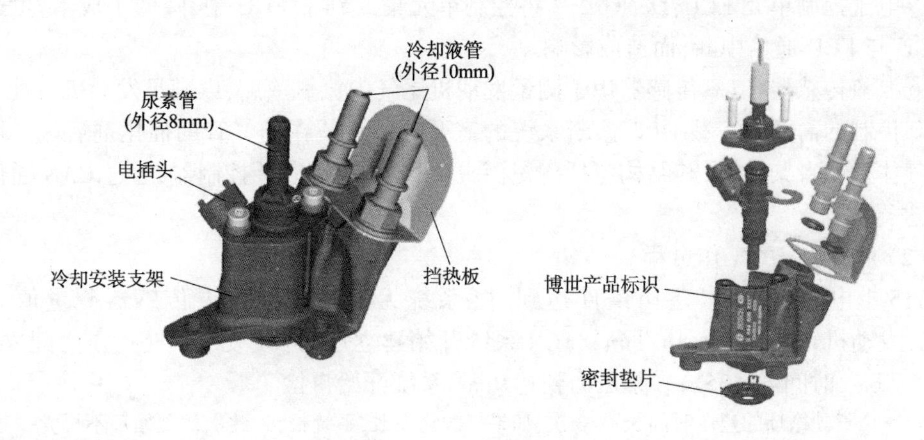


图 4-1-11 尿素喷射单元结构图

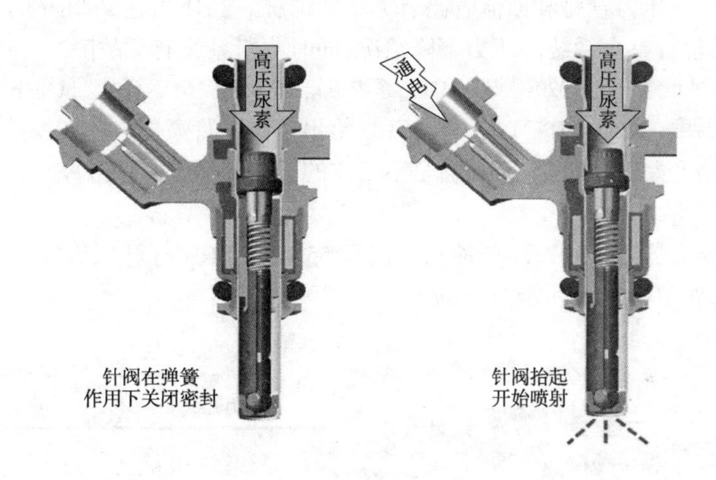


图 4-1-12 喷射单元工作原理

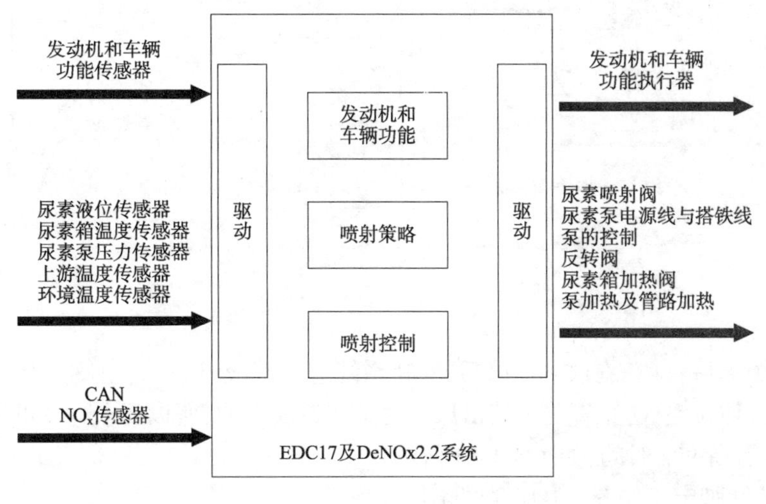


图 4-1-13 ECU 集成图

⑤电子控制单元 ECU：DeNOx2.2 将控制单元集成到了 ECU 中，降低了成本，也避免了 DCU 与 ECU 通信中断，而造成影响。

⑥氮氧传感器：氮氧传感器用于测量发动机尾气中氮氧浓度，以满足发动机后处理系统闭环控制的需要及车载 OBD 诊断系统的需要。一般装在排气管的催化剂后端。可应用于气体机或者柴油机，其结构包括陶瓷探头、线缆和处理芯片控制器，通过 CAN 通信和 ECU 进行数据。

(2)尿素系统的工作过程。

T15 上电后，当尿素建压条件达到时（系统无故障且前排温传感器测量值大于 180℃，发动机转速大于 500r/min），SCR 系统开始建立压力：吸液→填充→压力建立（目标值 5.5bar，时间 $t_1 \leqslant 35s$）。泵压力到达 9bar，系统开始自检。

注：一个驾驶循环的建压时间 35s×3 次，如果三次均失败，系统报错，此次驾驶循环不再尝试建压。次与次之间伴随尿素泵自动排气及泄压倒吸过程。

系统自行检查压力管路和回流管路有无堵塞情况。当压力达到 9bar 时，系统会试喷一下尿素喷嘴，检查整个系统的压力下降情况，同时判断系统有无故障。

注：整个建压过程总时间≤320s。超过 320s，系统报错，此次驾驶循环不再尝试建压。

根据排气温度（大于 200℃）和工况，ECU 给出信号进行喷射。

当发动机刚开始起动时，尿素喷嘴是不工作的，这个时候通过冷却液对尿素喷嘴进行冷却。

当尿素箱温度低于 -5℃，冷却液温度高于 55℃时，ECU 打开尿素加热阀，对尿素箱进行加热解冻，如图 4-1-14 所示。

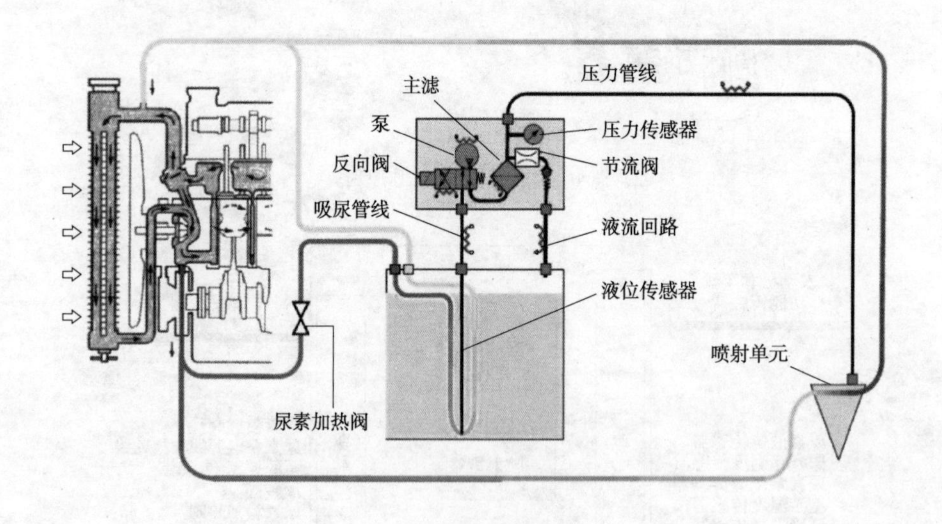


图 4-1-14　SCR 系统工作过程

发动机熄火后，ECU 在收到信号后，SCR 系统进入倒吸过程，利用反向阀使尿素泵及尿素管中的液体排空，防止管路中残留尿素对系统造成影响，所以要求驾驶员不要立即关闭总电源，需等待 90s 时间，如图 4-1-15 所示。

(3)系统针脚定义如图 4-1-16 ~ 图 4-1-19 所示。

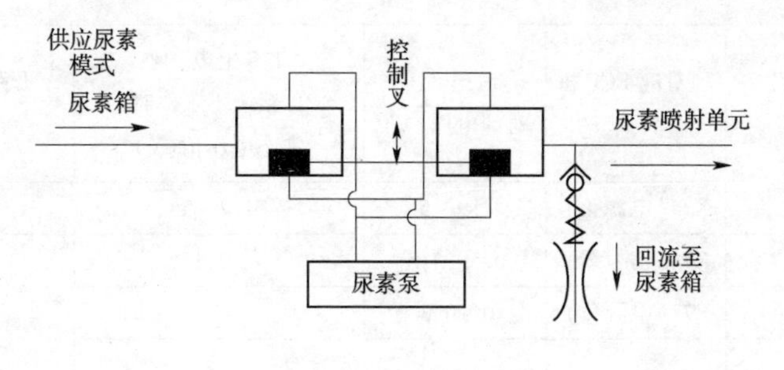


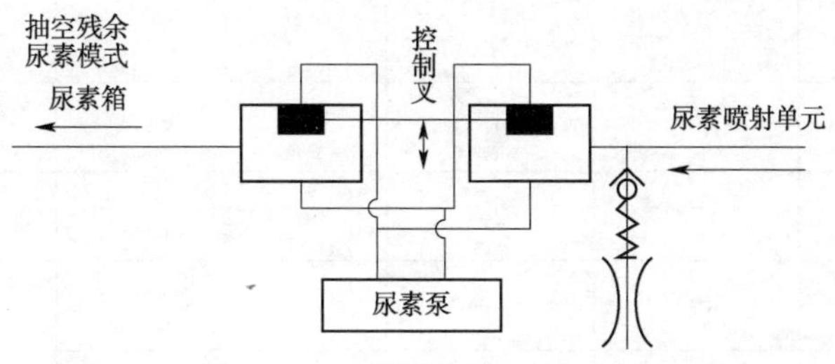


图 4-1-15　SCR 系统倒吸工作过程

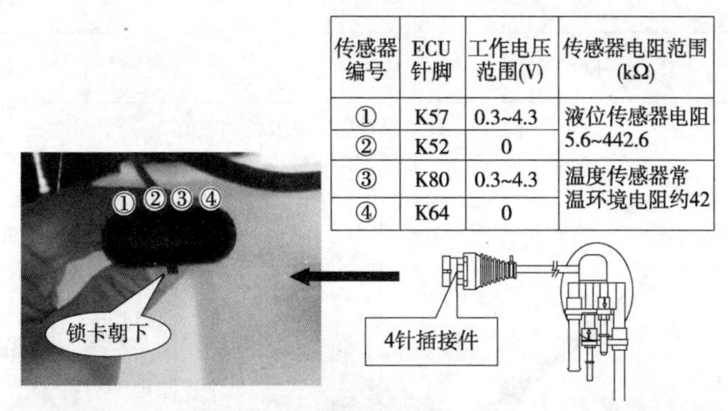

| 传感器编号 | ECU针脚 | 工作电压范围(V) | 传感器电阻范围(kΩ) |
|---|---|---|---|
| ① | K57 | 0.3~4.3 | 液位传感器电阻5.6~442.6 |
| ② | K52 | 0 | |
| ③ | K80 | 0.3~4.3 | 温度传感器常温环境电阻约42 |
| ④ | K64 | 0 | |



图 4-1-16　尿素箱液位传感器

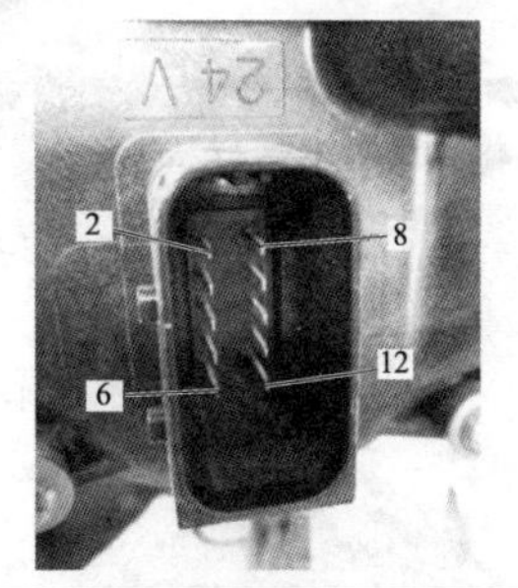


| 尿素泵针脚 | ECU 针脚 | 针脚定义 | 尿素泵针脚 | ECU 针脚 | 针脚定义 |
|---|---|---|---|---|---|
| PIN 1 | 无 | — | PIN 7 | 无 | — |
| PIN 2 | K24 | 压力传感器(正) | PIN 8 | K07 | 尿素泵电机(地) |
| PIN 3 | K78 | 压力传感器(信号) | PIN 9 | K73 | 泵素泵电机(正) |
| PIN 4 | K77 | 压力传感器(地) | PIN 10 | K93 | 尿素泵电机(PWM) |
| PIN 5 | — | 加热装置 | PIN 11 | K30 | 反向阀 |
| PIN 6 | — | 加热装置(信号) | PIN 12 | K08 | 反向阀(信号) |

图　4-1-17

| 部件 | 尿素泵针脚编号 | 对应 ECU 针脚 | 工作时对地电压(V) | T15 上电,但 SCR 系统不工作时的常态电压值(V) | 开路电压(V) | 开路时,常态电阻 |
|---|---|---|---|---|---|---|
| 压力传感器 | 2 | K24(电源正) | 4.9~5 | 4.9~5 | 5 | — |
| | 3 | K78(信号线) | 0.5~4.5 | 约0.8V | — | |
| | 4Z | K77(电源负) | 0~0.3 | 0~0.3 | 0 | |
| 加热电阻丝 | 5、6 | — | — | 0 | — | 6Ω |
| 尿素泵电机 | 8 | K07 | 0 | 0 | 0 | 针脚 8、9 之间电阻;0.8MΩ |
| | 9 | K73 | 24 | 24 | 24 | |
| | 10 | K93 | — | 约 8.5 | 3.5 | |
| 换向阀 | 11 | K30 | — | 24 | 24 | 针脚 11、12 之间电阻;22Ω |
| | 12 | K08 | — | 24 | 0 | |

图 4-1-17　尿素泵针脚定义及检测数值

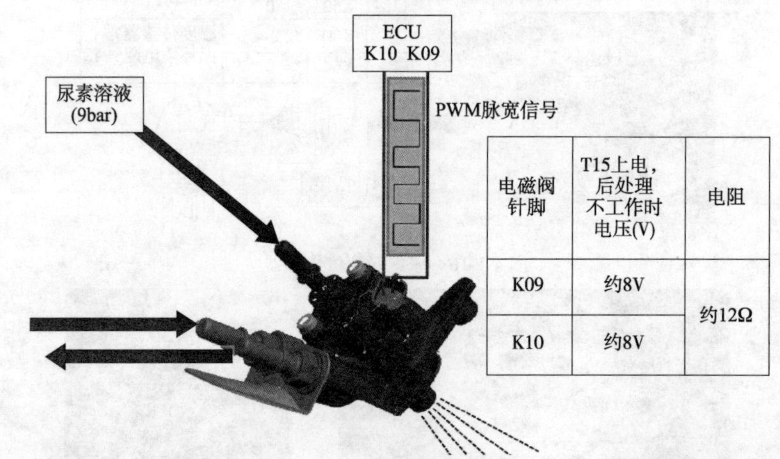


图 4-1-18　尿素喷嘴针脚定义

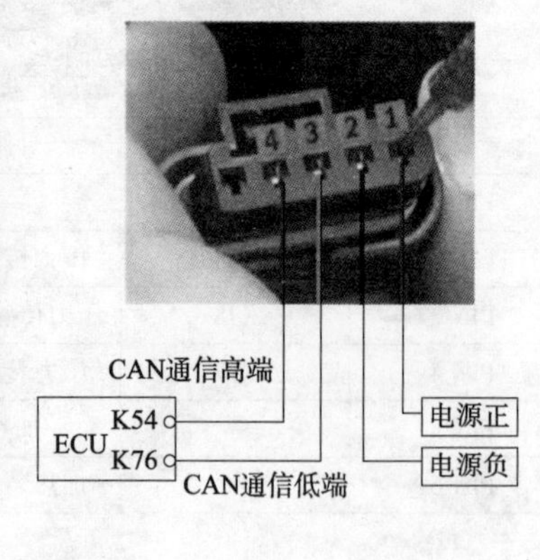


图 4-1-19　氮氧传感器

(4)维护。

①尿素泵维护。DeNOx2.2系统的尿素泵滤芯每使用3年或10万km需更换。如应用环境恶劣,对尿素水溶液污染较重,则需按实际情况更换。更换前,需要对尿素泵外表面进行清洁,并在安装过程中严防滤芯区域被外界污染,过滤器盖旋紧时使用20N·m+5N·m的力矩。

②尿素喷嘴的维护。车用尿素溶液质量不过关,因为劣质的车用尿素溶液含有一些不溶的杂质、物质,堆积起来就可能会堵塞、破坏尿素喷嘴。平时需要维护好尿素喷嘴,经常清洗尿素喷嘴,可采用热水浸泡等办法。

③尿素箱的维护。尿素箱最高液位应添加尿素溶液至100%,当尿素溶液消耗到20%时,需要添加尿素溶液。

每年发动机进行维护时打开尿素箱底部放水螺塞进行清洗,放出箱内沉淀物;不定期检查如发现通气阀或加液口处出现白色结晶,可用清水冲洗,也可用湿布擦拭,通气阀如发现堵塞,可用清水清洗或更换。

2年到3年更换箱内滤网;不定期检查插件及管路接头是否良好。

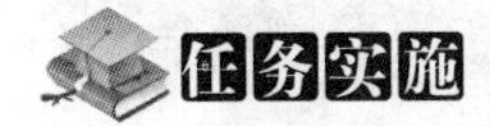

1.任务分析

车辆故障灯点亮,首先使用诊断仪对车辆进行诊断。读到的故障码分别为:

P3015SCR系统上一个驾驶循环尿素未被完全抽空故障历史故障。

P3040SCR系统建压失败故障当前故障。

从所读到的故障码分析,P3015故障为历史故障。这个一般是驾驶员的驾驶习惯导致,车辆熄火后,驾驶员直接关闭电源总闸,系统未完成倒抽。在温度较高时,此故障影响不大,但如果在冬天温度较低时,有可能导致尿素残留在管路尿素泵中,尿素结晶,造成堵塞甚至损坏尿素泵。P3040故障为当前故障。这个故障会导致系统立即进入倒抽模式,同时点亮故障灯、OBD灯,发动机立即限止转矩。

根据车辆现在出现的问题,首先怀疑是SCR后处理系统压力的问题。

SCR系统建压的前提条件为:

(1)无尿素管路(进液管、回液管、压力管)堵塞或泄漏。

(2)系统解冻完成(可通过尿素箱温度、环境温度判断)。

(3)无影响尿素泵建压的执行器、传感器、线束等故障。

(4)无喷嘴堵塞。

(5)排气温超过180℃(根据各个厂家的标定情况,一般200℃左右)。

(6)发动机转速大于500r/min(也就是发动机起动后)。

2.工具装备

套装工具,后处理系统实训教学试验台。

3.实施方法

1)尿素管路的检查。

尿素管路最容易出现3类故障:

(1)管路堵塞:一般由于尿素结晶或者尿素质量差引起,会影响尿素建压与喷射,造成排放不达标。

(2)管路泄漏:一类是管路接口型号不符合或者接口密封不好,导致尿素泄漏;一类是管路老化或磨损,造成尿素泄漏。

(3)管路弯折:管路弯折会造成尿素建压失败或者喷射故障,导致排放不达标。

检查 SCR 后处理系统中的各个管路,包括各个管路接头。如在检查过程中发现问题,则需对管路进行更换,如图 4-1-20 所示。

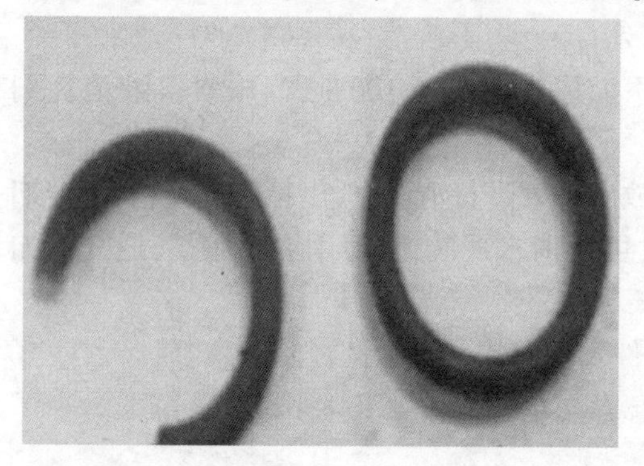
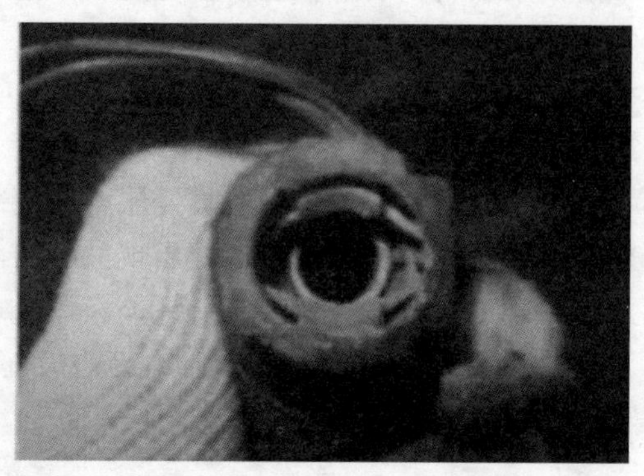

图 4-1-20 管路泄漏

2)尿素箱的检查

(1)尿素箱上有通气孔,平衡内外压力差,和油箱一样;如果该孔堵塞不通风,造成吸尿素困难,可能造成建压失败。

(2)如果尿素质量不好,导致各个部件堵塞卡滞等,可能造成建压失败。

(3)尿素箱底部吸尿素的管路有个滤网,相当于油路的粗滤,如果该滤网堵塞,可能会造成建压失败。

(4)确认尿素箱内尿素没有冻结。

3)尿素泵的拆解检查

(1)使用工具将尿素泵从车上拆下,注意各个管路的连接及线束接头。

(2)松开端盖紧固螺栓,取下上盖。拧开滤芯固定螺栓,取出内部压差缓冲膜片,取出主滤清器。

(3)拧开压力传感器固定螺栓,轻轻敲动两边的固定脚,取下压力传感器。注意传感器上的密封圈。

(4)取下后端盖。松开尿素泵电机的固定螺栓,注意在松开的过程中,不要让尿素泵电机受到碰撞。取下固定卡片,撬开定位插脚,取下膜片、拨叉和反向电磁阀衔铁。

(5)松开反向电磁阀固定螺栓,取下电磁阀。

(6)撬开尿素泵电机的固定插脚和接线针脚,取下电机,如图 4-1-21 所示。

逐个部件进行检查:

①尿素泵内部管路有无结晶、堵塞等情况,可能会造成建压失败。

②换向电磁阀有异常,可能会导致拨片不能正常工作。拨片密封损坏会造成建压异常,如图 4-1-22、图 4-1-23 所示。

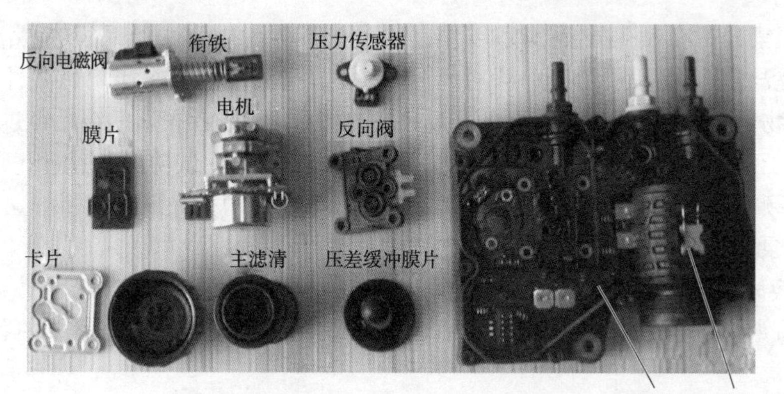


图 4-1-21　尿素泵整体分解图

图 4-1-22　换向电磁阀

图 4-1-23　拨片密封损坏

③如果主泵损坏，会造成系统无法建压。

④主滤清器如果不及时维护，可能造成滤清器堵塞，系统建压失败。

⑤尿素压力传感器安装在回流接头上方，如密封不好，可能会造成尿素泄漏，系统建压失败。

4）尿素喷嘴的检查

在排气气管位置找到尿素喷嘴，使用工具将尿素喷嘴拆下。

尿素喷嘴如果结晶堵塞，系统第一次建压时压力下降不在范围内，会导致建压失败。

检查尿素喷嘴是否堵塞：喷孔堵塞分两种：一种是可溶于水的颗粒物，一般是由于倒抽不干净,尿素残留在喷孔处,尿素本身结晶导致的。因为尿素的结晶很容易溶于水,所以使用温水浸泡喷嘴的喷孔部位一段时间,大多数情况下都能够解决。另一种就是不溶于水的颗粒物,通常是由于尿素里面的杂质残留在喷孔处,或者尿素的结晶经过高温后变质形成不溶于水的颗粒。如果是这种情况,只能靠外部设备测试功能,使用诊断仪或测试台架将喷嘴频繁的开启和关闭,将堵塞的颗粒物振碎冲开。

5)尿素泵的检测

(1)更换修理包后,将尿素泵按照与拆解相反的顺序安装,注意密封圈的安装。

(2)将安装好的尿素泵安装到试验台上,通过软件的设定可检测尿素泵的各个性能,确定是否正常。

(3)将尿素喷嘴安装到试验台上检测,看雾化和喷孔有无堵塞。

博世 DNOx2.0 后处理系统

1)DNOx2.0 后处理系统管路布置图

博世 DeNOx2.0 系统采用无空气辅助喷射系统,但是喷嘴的冷却不像 DeNOx 2.2 的系统那样采用发动机冷却液进行冷却,而是利用尿素的流动来冷却的,所以博世 2.0 系统的喷嘴上除了压力管还有一个回流管。系统的工作压力为 5bar。设立了一个独立的控制系统 DCU,如图 4-1-24 所示。

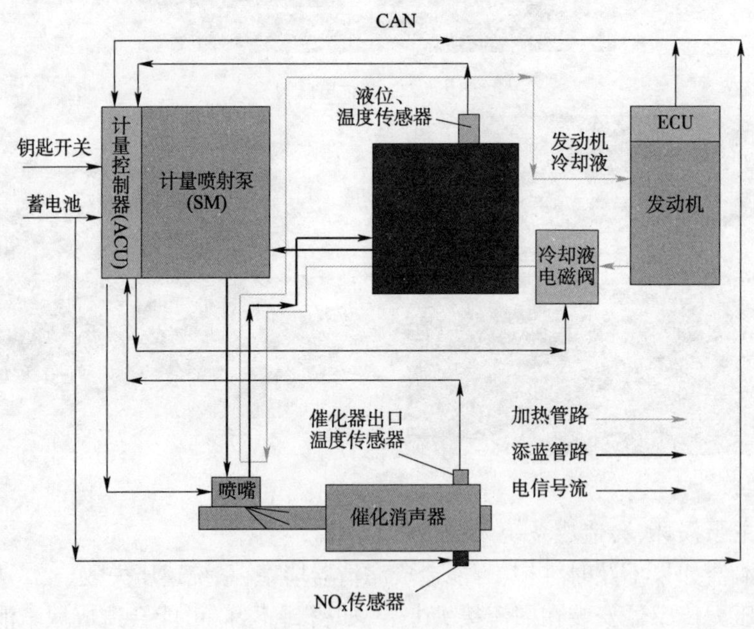


图 4-1-24　DeNOx2.0 系统

2)主要组成部件

(1)尿素箱,基本结构与 DNOx2.2 后处理系统相同。

(2)尿素泵,尿素进液口连接尿素罐,出液口在尿素过滤器盖上,滤芯盖上有滤芯加热器以及溢流阀,溢流阀可以通过旋转打开,清空主滤芯中的尿素溶液,滤芯盖通过旋转可以打开，方便更好拆装主滤芯，主滤芯加热器电阻值为 5～6Ω，如图 4-1-25 所示。

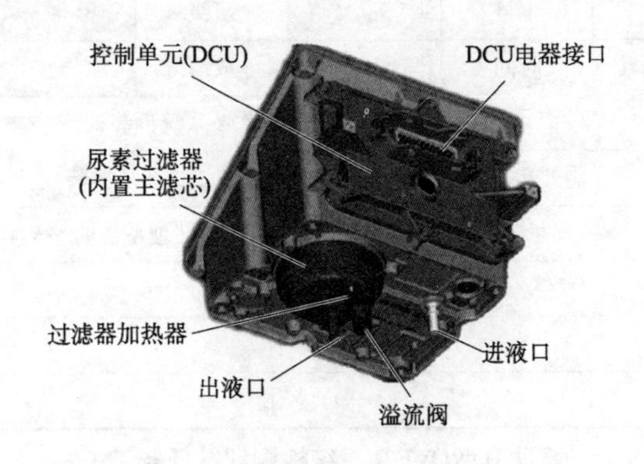


图 4-1-25　DNOx2.0 系统尿素泵

尿素泵内有尿素压力传感器、尿素温度传感器、膜片泵、反向阀等。

尿素压力传感器主要用于监测尿素泵出口处的尿素压力，DCU 根据尿素压力传感器监测的压力值控制泵电机的转速。

博世 DeNOx2.0 后处理系统尿素泵的出口压力控制在 450～550kPa，而博世 DeNOx2.2 后处理系统尿素泵出口压力在 900kPa 左右。

尿素压力传感器信号电压在 0.5～4.5V 变化；在发动机停机时测量压力传感器信号电压为 0.75～0.83V；开路测量传感器线束端对搭铁电压分别是电源 5V、信号 5V、0V。

尿素泵温度传感器安装在尿素滤芯的尾部，测量尿素泵内尿素的温度，DCU 根据该温度值决定是否启动加热程序及何时关闭加热程序。

反向阀的作用是调节尿素泵内部尿素的流通方向，在排空时或后处理系统中出现影响喷射故障导致排空时起作用，是排空系统中的重要部件，电阻值为 17～20Ω。与博士 2.2 系统的反向阀电阻基本相同。反向阀由 DCU 控制，电源电压 24V。

(3)尿素喷嘴。喷嘴上除了压力管还有一个回流管，如图 4-1-26 所示。

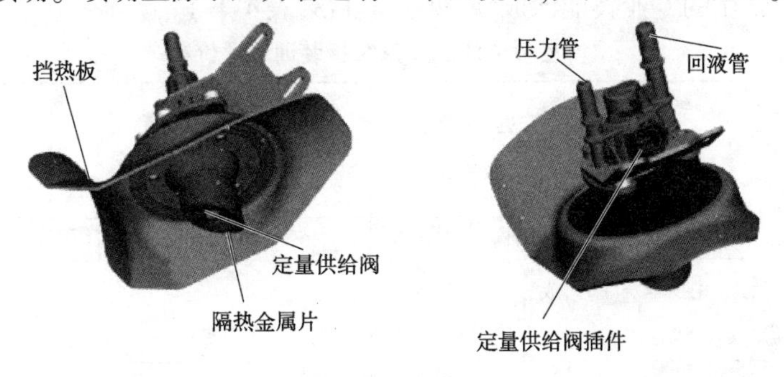


图 4-1-26　尿素喷嘴

喷嘴受 DCU 控制，线圈电阻约 1.2Ω，而博世 2.2 系统的喷嘴线圈电阻约 12Ω。

## 任务训练

学生按照实施过程进行分组拆装，拆装过程中注意拆装步骤、小组协作，并完成任务工单，见表 4-1-1、表 4-1-2。

**博世 DeNOx2.2 系统拆装训练任务工单** 表 4-1-1

| 姓名 | | 学号 | | 班级 | | 组别及成员 |
| --- | --- | --- | --- | --- | --- | --- |
| 场地 | | 时间 | | 成绩 | | |
| 任务名称 | 博世 DeNOx2.2 系统拆装训练 | | | | | |
| 任务目的 | 能够运用所学知识完成博世 DeNOx2.2 系统拆装，进行尿素泵的拆装 | | | | | |
| 工具、设备准备 | 128 件套装工具、尿素泵、带后处理系统的整车后运行台 | | | | | |
| 信息获取 | | | | | | |
| 任务实施 | | | | | | |
| 任务实施总结 | | | | | | |

**博世 DeNOx2.2 系统检测训练任务工单** 表 4-1-2

| 姓名 | | 学号 | | 班级 | | 组别及成员 |
| --- | --- | --- | --- | --- | --- | --- |
| 场地 | | 时间 | | 成绩 | | |
| 任务名称 | 博世 DeNOx2.2 系统检测训练 | | | | | |
| 任务目的 | 能够运用所学知识完成对尿素泵和尿素喷嘴的检测 | | | | | |
| 工具、设备准备 | 128 件套装工具、尿素泵、尿素喷嘴 SCR 后处理试验台 | | | | | |
| 信息获取 | | | | | | |
| 任务实施 | | | | | | |
| 任务实施总结 | | | | | | |

## 任务评价

为促进学生的学习以及对专业技能的掌握，建立以指导教师评价、小组评价、学生自评为主导的实训评价体系，依据各方对学生的知识、技能和学习能力、学习态度等情况的综合评定，认定学生的专业技能课成绩，见表 4-1-3、表 4-1-4。

**博世 DeNOx2.2 系统拆装训练评价** 表 4-1-3

| 考核单元 | | 考核内容 | 分值 | 自评 | 组评 | 师评 |
| --- | --- | --- | --- | --- | --- | --- |
| 行为规范 | | 课堂纪律、学习态度、学习兴趣等方面 | 20 | | | |
| 考核 | 技能考核 | 博世 DeNOx2.2 系统总体结构认知 | 15 | | | |
| | | 能够运用所学知识完成尿素泵拆装和检查 | 25 | | | |
| | | 完成博世 DeNOx2.2 系统各个针脚的测量 | 25 | | | |
| | 理论考核 | 阐述尿素泵基本工作原理 | 15 | | | |
| | 综合测评 | | □优秀 □良好 □合格 □不合格<br>教师签字： | | | |

博世 DeNOx2.2 系统检测训练评价　　　　表 4-1-4

<table>
<tr><th colspan="2">考核单元</th><th>考核内容</th><th>分值</th><th>自评</th><th>组评</th><th>师评</th></tr>
<tr><td colspan="2">行为规范</td><td>课堂纪律、学习态度、学习兴趣等方面</td><td>20</td><td></td><td></td><td></td></tr>
<tr><td rowspan="5">考核</td><td rowspan="4">技能考核</td><td>SCR 后处理试验台总体结构认知</td><td>15</td><td></td><td></td><td></td></tr>
<tr><td>能够运用所学知识完成尿素泵的检测</td><td>30</td><td></td><td></td><td></td></tr>
<tr><td>能够运用所学知识完成尿素喷嘴的检测</td><td>20</td><td></td><td></td><td></td></tr>
<tr><td>氮氧传感器的检测</td><td>15</td><td></td><td></td><td></td></tr>
<tr><td colspan="2">综合测评</td><td colspan="4">□优秀　□良好　□合格　□不合格<br>教师签字：</td></tr>
</table>

## 任务训练

**1. 单项选择题**

(1)博世 DeNOx2.2 后处理系统的工作压力为(　　)。

A. 0.5MPa　　B. 0.65MPa　　C. 0.9MPa　　D. 1.2MPa

(2)博世 DeNOx2.2 后处理系统的工作温度为(　　)。

A. 90℃　　B. 100℃　　C. 180℃　　D. 220℃

(3)尿素溶液低温结晶的温度为(　　)。

A. -20℃　　B. -11℃　　C. 0℃　　D. 4℃

(4)尿素泵电机正负极之间电阻值为(　　)。

A. 100Ω　　B. 2000Ω　　C. 0.8 MΩ　　D. 5MΩ

(5)尿素喷嘴针脚之间电阻值为(　　)。

A. 0.7Ω　　B. 12Ω　　C. 1000Ω　　D. 1MΩ

**2. 多项选择题**

(1)SCR 后处理系统依据其驱动形式大可分为(　　)。

A. 液力驱动式　　B. 空气辅助式　　C. 气驱式　　D. 电动式

(2)尿素泵建压的条件(　　)。

A. 系统无故障　　B. 排气温度达 180℃

C. 发动机转速达 550r/min 以上　　D. 冷却液温度 80℃ 以上

(3)打开尿素加热阀,对尿素箱进行加热解冻的条件为(　　)。

A. 尿素箱温度低于 -5℃　　B. 冷却液温度高于 55℃

C. 尿素箱温度低于 0℃　　D. 冷却液温度高于 80℃

**3. 判断题**

(1)带有 SCR 后处理的车辆在熄火后可以立刻关闭总电源离开。　(　　)

(2)反向阀的作用是用以控制尿素的流向。　(　　)

(3)尿素溶液为质量浓度为 32.5% 的尿素水溶液。　(　　)

(4)尿素滤芯的更换标准为 3 年或 5 万 km。　(　　)

**4. 分析题**

(1)简单描述 EGR + DPF 路线和 SCR 后处理路线的区别。

(2)简单描述博世 DeNOx2.2 后处理系统和博世 DeNOx2.0 后处理系统的区别。

(3)简单描述博世 DeNOx2.2 后处理系统的工作过程。

# 模块小结

本模块学习了商用车后处理系统的检修,主要包括:SCR 后处理系统的结构,尿素泵的基本结构和原理,尿素喷嘴的基本结构和原理。通过对可能故障原因分析,最终达到能够熟练使用工具进行拆解、装配、维修的目的。